红色家风 代代相传

平津战役参战将士子女访谈录

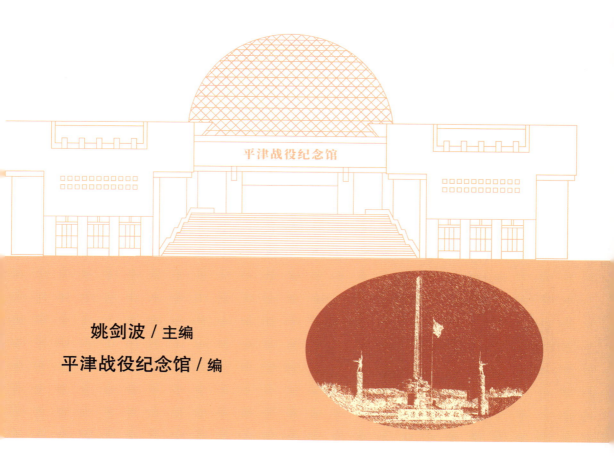

姚剑波 / 主编

平津战役纪念馆 / 编

天津社会科学院出版社

图书在版编目（CIP）数据

红色家风　代代相传：平津战役参战将士子女访谈录 / 姚剑波主编；平津战役纪念馆编. -- 天津 ：天津社会科学院出版社，2024. 9. -- ISBN 978-7-5563-1005-0

Ⅰ. B823.1

中国国家版本馆 CIP 数据核字第 20242N6N67 号

红色家风　代代相传 ：平津战役参战将士子女访谈录
HONGSE JIAFENG DAIDAI XIANGCHUAN :
PINGJIN ZHANYI CANZHAN JIANGSHI ZINÜ FANGTANLU

选题策划：韩　鹏
责任编辑：杜敬红
责任校对：吴　琼
装帧设计：高馨月
出版发行：天津社会科学院出版社
地　　址：天津市南开区迎水道 7 号
邮　　编：300191
电　　话：（022）23360165
印　　刷：北京盛通印刷股份有限公司
开　　本：710×1000　　1/16
印　　张：19
字　　数：266 千字
版　　次：2024 年 9 月第 1 版　　2024 年 9 月第 1 次印刷
定　　价：98.00 元

本书编委会

主　　任：姚剑波

副主任：祁雅楠　梅鹏云　刘佐亮

主　　编：姚剑波

副主编：沈　岩　梅鹏云　刘佐亮

编　　委：时　昆　王　蔚　张一拓　马　楠

武思成　陈晓冉　李世钊

前　言

　　作为社会主义先进文化的重要组成部分，红色家风既汲取了中华优秀家风的思想精华和道德精髓，也诠释了中国共产党人的革命情怀，是中华民族血脉中奔腾不息的红色基因。习近平总书记指出，"在培育良好家风方面，老一辈革命家为我们作出了榜样"，要努力"继承和弘扬革命前辈的红色家风"，做好新时期家风建设。为此，平津战役纪念馆口述史团队查找、搜集、走访了参加过解放战争或参与了新中国建设的老一辈革命家的子女亲属，请他们从后辈的视角重温父辈的戎马生涯，追忆老一辈革命家对后人的关怀、教诲与鞭策，让我们充分感受红色家风代代相传的精神力量。

　　文章多以后辈口吻讲述当年老一辈无产阶级革命家、新中国创建者克服困难、战胜困难、不断取得胜利的宝贵经验与难忘经历。通过采访，回忆了党领导中国人民在争取民族独立、解放、建设新中国的过程中那些不能被忘却的历史。从受访者的讲述中，我们仿佛回到了那个时代，走进了他们的内心世界。同时也深感老一辈革命家的崇高理想和坚定信仰，充分感受到他们对亲人子女严格要求、言传身教的良好家风。从后辈们的讲述中，我们收获了感动、震撼与铭记。

　　岁月荏苒，当历史的硝烟逐渐散去，那些经历了战争洗礼的战斗者、革命者、开拓者们却日益清晰，他们的往事历历在目，他们的精神熠熠生辉。"述往事，思来者。"愿本书记录的那些回忆，能够让读者感受到红色家风代代传承的精神力量，也希望本书能够为丰富相关史料贡献绵薄之力。

2024 年 9 月

目　录

001　　春蚕到死丝不断　　功在社稷永流传

（刘煜鸿口述　武思成整理）

018　　南征北战真儒将　　矢志不渝是初心

（邓欣、邓穗口述　武思成整理）

029　　出生于天津的广州军医

（丁力口述　时昆整理）

036　　人要学会在逆境中前行

（王飞虹口述　张一拓整理）

049　　质朴的农家子弟　　忠诚的人民战士

（韦建华口述　马楠整理）

061　　满门革命赤子　　辉煌永留青史

（李洋口述　武思成整理）

075　　战场上的"吴疯子"

（吴樱花口述　马楠整理）

083　　屡建奇功不声扬　　低调家风代代传

（赵保东口述　时昆整理）

091　　父母爱情　　一生相伴

（郭惠兵等口述　时昆整理）

100　　华侨炮神

（黄纪凯口述　王蔚整理）

109　　老一辈把红色的传承交给了我们

（曾晓安口述　张一拓整理）

119　从书生到虎将

（韦亚南口述　陈晓冉整理）

127　穿插京津完成阻隔

（吴晓春口述　王蔚整理）

135　从留学生到将军

（罗亚军口述　王蔚整理）

146　父母之美德，儿女之遗产

（巩志兴口述　李世钊整理）

157　父母的坚强让我终身难忘

（朱建新、朱晓黎口述　张一拓整理）

165　率部金汤桥胜利会师

（朱丽萍口述　王蔚整理）

171　父辈的传承

（武志口述　张一拓整理）

176　我的炮兵生涯

（冯国声口述　时昆整理）

187　父子两辈从军记

（于泽口述　张一拓整理）

201　一生戎马心向党　节衣缩食报家乡

（邢宝萍口述　武思成整理）

209　战火中成长的坦克第一兵

（董蓟雄口述　陈晓冉整理）

221　天津战役中负伤

（刘福海口述　马楠整理）

227　战场上的"英雄救美"

（栾广生口述　马楠整理）

233　回忆父亲参加抗美援朝的往事

（顾红樱、顾红霞、陈宏口述　马楠整理）

244　解放天津——上级给我们记了一等功

（刘贵臣口述　沈岩整理）

250　七十年后父子"重逢"

（赵连贵等口述　武思成整理）

257　红色警卫的忠厚家风

（周凤春、周贺轩口述　武思成整理）

263　战争岁月的艰苦让人难忘

（赵义口述　张一拓整理）

271　忆往昔峥嵘岁月

（徐恒江口述　陈晓冉整理）

277　兄弟四人都革命

（刘树梓口述　张一拓整理）

284　行动的楷模，心中的丰碑

（王建民口述　陈晓冉整理）

293　后　记

春蚕到死丝不断　功在社稷永流传

◆ 刘煜鸿口述　武思成整理

受 访 人：刘煜鸿（刘亚楼之女）

身体状况：身体及精神状态良好

现 住 址：北京市海淀区

采 访 人：沈岩、时昆、王蔚、宋福生、武思成

采访时间：2019 年 9 月 20 日

采访地点：北京市海淀区

刘亚楼
（1910—1965）

　　刘亚楼，1910 年 4 月 8 日出生于福建省武平县湘店乡湘洋村。1926 年考入长汀省立第七中学，后接受进步思想加入革命队伍。1929 年 8 月加入中国共产党，同年加入中国工农红军。参加了中央苏区历次反"围剿"斗争。1934 年 10 月率部作为红一方面军的开路先锋开始长征，任师政委、师长。1936 年 6 月进入抗日红军大学学习，毕业后任抗日军政大学训练部部长。1938 年 1 月任抗大教育长。1939 年进入苏联伏龙芝军事学院学习，后参加了苏联的卫国战争。1945 年 8 月随苏联红军进入中国东北地区对日作战。1946 年 5 月后任东北民主联军参谋长，中共中央东北局委员。1947 年 9 月兼任东北民主联军航空学校校长，协助组织指挥"三下江南、四保临江"战役和东北 1947 年夏、秋、冬季攻势作战。1948 年任东北军区和东北野战军参谋长，协助林彪、罗荣桓组织实施辽沈战役和入关行动。平津战役中任天津前线指挥部总指挥，提出"东西对进，拦腰斩断，先南后北，先分割后围歼，先吃肉后啃骨头"的作战方针。1949

年 1 月 14 日，指挥东北野战军 5 个纵队 34 万人发起总攻，仅用 29 个小时攻克天津，全歼守军 13 万人，活捉国民党天津警备司令陈长捷。同年 3 月任第四野战军第十四兵团司令员。7 月受命组建中国人民解放军空军。1949 年 10 月任空军司令员，组织指挥人民空军参加抗美援朝和国土防空等作战，取得辉煌战果。1956 年任中央委员、中央军委委员，1959 年任国防部副部长，1960 年任国防科学技术委员会副主任、国防部第五研究院院长。1955 年被授予中国人民解放军空军上将军衔，获一级八一勋章、一级独立自由勋章和一级解放勋章。1965 年 5 月 7 日在上海病逝。

父亲的皮大衣

　　我父亲在东北时期和平津战役期间穿的这件皮大衣，基本天天都穿在身上，这件皮大衣也很能反映我父亲的个性。20 世纪 30 年代，父亲在苏联伏龙芝军事学院学习期间，不仅学习了军事理论，而且这所军事院校对军人仪表、素质的培养和要求非常高，在学校父亲养成了擦皮鞋的习惯，每天都要把皮鞋擦得锃亮，军装的纽扣也会擦拭一新。父亲严谨的生活作风与精干的军人气质，穿着这件皮大衣更能很好地体现出来。

　　父亲在指挥作战的时候，习惯到前线阵地去考察地形，特别是在东北期间，当地气候非常寒冷，这件皮大衣虽然不是长款，但穿着它既保暖抗风，又相对轻便，便于他参与各种活动。东北时期，父亲在哈尔滨参加一些重要的军事会议，参与制定作战方针时都穿着它。后来随着战事的发展，指挥部逐渐南移，一直到锦州附近一个叫牤牛屯的指挥所，当时父亲和东野司令员林彪、政委罗荣桓一起到锦州附近的一个制高点帽儿山去察看地形，我父亲穿在身上的也是它。

　　辽沈战役结束后，东北野战军挥师入关，当时正值冬季，父亲率部抵达华北,在河北蓟县（今天津蓟州）成立了平津前线司令部。这时候东北野战军和华北部队协同行动,准备开展平津战役的作战任务,我父亲担任天津前线总指挥,把指挥所设在了天津西边的杨柳青镇。在整个作战期间,直到战役胜利结束,这件皮大衣始终伴随着我父亲,成为他穿着时间最长、穿着频率最高的衣服。

这件皮大衣是我父亲最喜欢的一件衣服,同时它也幸运地见证了辽沈战役、平津战役的伟大胜利。北平和平解放后,我父亲作为总指挥组织了解放军进入北平的入城仪式,就是身着这件皮大衣和各位首长站在前门城楼上欢迎解放军入城。入城仪式规模非常大,持续了近八个小时,当时是从前门大街进入市区。毛主席专门指示,解放军进入市区的路线一定要经过东交民巷。因为东交民巷过去作为外国的领事馆区,不允许中国人随便进入,我们人民解放军的队伍在东交民巷经过,充分展示了我军雄壮的军威,市民们一片欢腾。

北平和平解放后,各界人士向解放军敬献了锦旗,父亲作为人民解放军的代表接受锦旗时也是穿着这件皮大衣,留下了令人难忘的瞬间。

1949 年 5 月后,毛主席交给我父亲一项新的使命,要他负责组建人民空军,这样父亲就从陆军地面作战转到了空军作战的崭新领域。在组建人民空军期间,这件皮大衣也一直陪伴着父亲。当时有一张照片,我父亲和空军的第一任政委萧华与时任总政治部主任罗荣桓一起在颐和园留影纪念,就是穿着这件皮大衣。

父亲去世后,这件皮大衣就成了我们家最珍贵的一件物品,因为父亲穿了它那么多年,家中很多父亲的照片都是穿着它照的。母亲还时常对这件皮衣进行养护,我们都非常珍惜父亲给我们留下的这份珍贵又温暖的回忆。

后来八一电影制片厂要拍摄电影《大决战》,在《辽沈战役》和《平津战役》两部影片中,扮演我父亲的是海政文工团的一位叫张卫国的演员。当时摄制组还专门到我们家来,和我母亲探讨怎样把我父亲的形象在银幕上更好地呈现出来。我母亲认为我父亲身着皮大衣的形象最能真实地反映他当时的精神面貌,摄制组欣然采纳，所以这件皮大衣还作为一件重要的道具为《大决战》电影的拍摄作出了贡献。《大决战》影片中父亲身着皮大衣的形象给观众们留下了极其深刻的印象。

图为平津战役纪念馆馆藏文物
"刘亚楼穿过的皮大衣"

图为第一任空军司令刘亚楼（右）、政委萧华（左）与罗荣桓（中）合影

平津战役纪念馆建馆时，工作人员来到我家征集父亲使用过的与平津战役有关的物品。我们不约而同想到了这件非常具有代表性的皮大衣，父亲就是穿着它指挥了平津战役。但是我们非常舍不得把它捐献出去，父亲生前穿过的军装留有好几套，但这件皮衣可以说是独一无二的。虽然如此，考虑到父亲对平津战役倾注了大量心血，并且是那么多战士的顽强奋战和英勇牺牲才取得这场辉煌的胜利，为了让大家都能看到这件皮大衣，我们还是决定把它捐献给纪念馆，同时我们还捐献了一些父亲日常使用的物品，让它们在纪念馆永久保存，为纪念馆增光添彩，发挥它们更大的价值，让广大人民群众真切地感受到平津战役的伟大胜利，我们认为这也是对父亲最好的纪念。

直言进谏　改打天津

辽沈战役结束之后，按计划部队要进行一定的休整，因为经过50多天的激烈战斗，指战员们非常疲劳，我们要对人员、粮草和武器装备进行一定的调整和补充，为入关后的战斗做充分准备。但当时淮海战役已经打响，为了留住华北敌人不让其逃窜，中央军委下令东北野战军提前入关。当时东野很多部队把庆功会改成了入关前的动员大会，部队立即改变了计划，昼伏夜行、马不停蹄地秘密入关。中央最初对平津战役的战略部署是"先打两头"，所以在西线率先攻克了新保安，东线令东野一部包围塘沽等地入海口，拦截敌人的海上逃窜通道。当时前线部队发现塘沽一带地形对作战非常不利，周围都是大片开阔的盐碱地，水网交错，武器装备不好集结，掩护、防御工事难以部署，部队推进十分困难，全歼敌人不容易做到。基于这种情况，我父亲提出要到前线看看实地情况，得到林彪、罗荣桓认可后，父亲就和萧华一起到了塘沽前线。当时邓华、吴富善率领的东野七纵已将塘沽包围，部队组织了几次试攻，虽然消灭了一些敌人，但我军伤亡也很大。因此邓华、吴富善就和我父亲协商能不能先打天津，后打塘沽。

图为刘亚楼、萧华、吴富善等研究"缓攻塘沽、改打天津"作战计划后
休息时合盖的毛毯

我父亲结合实际考察情况，当机立断给林彪发去电报，建议改变原来的作战计划，先打天津，并连夜赶回司令部，向林彪作了详细汇报。林彪让我父亲起草了电报，当即联名给中央军委发电，建议先打天津。当晚，毛泽东代军委复电"林刘"，认为集中五个纵队兵力改打天津是完全正确的。在大战前夕改变中央军委已经确定的作战方针，确实需要一定的魄力，同时也要面对承担重大责任，这体现了父亲实事求是、善于谋略、敢于在关键时刻对全局负责的高度责任感。父亲的建言献策和作战计划的改变，使战场局面化被动为主动，对取得天津战役的最终胜利发挥了重要作用。

挂帅津门　创造经典

确定攻打天津后，林彪对我父亲说，天津并不好打，过去我们从来没有打

过这么大的城市。天津是北方的经济中心，市内工商业林立，还有很多的外国居民，政治影响很大。攻打天津是对我军一个新的考验，要确保万无一失，请我父亲代替他去前线亲自指挥作战。于是我父亲就担当起了天津战役前线总指挥的重任，当天就带了一个精干的指挥班子进驻天津西部的杨柳青镇，建立天津前线指挥部，立即开始了战前的作战部署和筹划。据我母亲回忆，父亲一到杨柳青天天都是通宵达旦地忙碌着，几乎没有喘息的时间。指挥着5个纵队34万人的部队和数百辆火炮、坦克的调动，迅速转兵，只用了4天时间就把天津围了个水泄不通。

攻打天津遇到的第一个问题是如何越过护城河。因为陈长捷很早便着手对天津构造起防御工事，自称"大天津化""堡垒化"，把天津打造得"固若金汤"，不但在城外搞了无人区，还挖掘护城河，利用城内纵横交错的街巷设置了很多碉堡据点。面对这种情况，我父亲主张发扬部队军事民主，让各班、排、连都集思广益，就怎么越过护城河和城市巷战提出想法和建议。这就要提到四野部队的一个特点，几乎每打一仗，部队都要认真总结一些好的打法战术，并且要把这些好的经验下达到基层部队，所以好多指战员对那些经典的战术打法都烂熟于心，直到现在一些老战士都能一条一条地背下来。

当时为了掌握第一手情况，我父亲用了一周的时间，带领参谋人员围绕80多里的城防前线和河沟水叉实地考察，还在天津城南寻访了十几位老乡。后来从一个放羊的老人口中得知，城南运河有一个水闸，陈长捷为了不让护城河水结冰，派人把水闸关闭，让水都源源不断流入护城河中。了解情况后，我父亲马上派一纵的部队把水闸打开，让水顺着运河流往海河，护城河的水源被切断，一夜之后就结了冰，我军越河攻城也更加快捷方便。

提到"天津方式"，大家都知道解放军只用了29个小时就攻克了天津，但是为了取得这一胜利，战前的准备工作是非常精细的。一方面有中央军委、前线指挥部制定的正确谋略和作战方针，另一方面还发扬了军事民主，加强战技演练，战士们英勇作战，不怕牺牲，还有必须要提到的是天津地下党的贡献，战前天津地下党提供的城防图为战役的顺利进展起到了至关重要的作用。基于种种有利条件，我父亲对即将展开的军事行动非常有信心。这里还有一个小插曲。在林彪、罗荣桓、聂荣臻和我父亲讨论给中央军委上报作战计划时，军委要求的是 3 天打下天津，林彪问：48 个小时怎么样？罗、聂都点头同意，转过来询问我父亲的意见，我父亲说 30 个小时就可以了，领导们都一惊，说军中无戏言。我父亲说，我们拥有 3 倍于守军的兵力，又掌握了敌人详细的城防部署，还是按 3 天上报，我按 30 个小时使用就是了。

当时的天津警备司令是陈长捷，他和我父亲都是福建人，比我父亲大 14 岁，老谋深算，非常重视城防布置和火炮兵力的部署。但是陈长捷有一个弱点，非常自傲，认为他设计的防御体系固若金汤。日占时期，日本人就在天津修筑了很多城防工事，在这个基础上，陈长捷又动用了大量的部队、民工进行加固完善。最初，我父亲根据周恩来的指示和国民党的和谈代表接触了两次，明确指出让国民党放下武器，争取和平，这样才有前途，对人民、对自己有益。但是陈长捷倚仗着他的防御体系，不甘心放下武器，借口武器是军人的第二生命，未战而降有损军人的荣誉，拒不接受我党的和谈条件。同时，陈长捷还授意他的代表团在和谈中对我军的军事部署进行侦察。第一次和谈时，我父亲在津南与对方代表团见面，和谈无果而终，我父亲当即赶往城北，组织了炮兵的射击，这有两层意思，一是威慑国民党守军，二是造成一种错觉，让敌人误以为我们要从城北攻城。第二次和谈之前，我父亲坐着吉普车专门到城北转了一圈，故意迟到了 20 多分钟，一见面就说城北的路不好走，途中还遇到了请愿的群众，给对方制造假象，使陈长捷认为城北是我军的主攻方向，并且深信不疑，把自己最强的部队调拨到北边进行防守。我父亲便是用这种声东击西的策略成功迷惑了敌人，直到总攻发起后，陈长捷才意识到我们的进攻重点是东西对进，但是为时已晚，解放军 29 个小时就攻克了天津，创造了我军多兵种协同作战攻克大城市的范例，也成为我军战史中的经典之战。

天津解放后，我父亲专门写过一篇《天津战役的胜利闪耀着毛泽东思想的伟大光辉》的文章，系统记录了天津战役的情况，对毛主席的部署，我军的战略方针，战斗中结合实际情况不断进行调整等细节都有着笔。但是父亲有一个特点，就是写回忆文章从来不提自己，包括他写长征时期的一些回忆，都是强调上级如何要求，部队中的连长、战士们怎么执行。另外，父亲的回忆文章中还特别注重总结经验教训，对于好的一些打法战术进行系统总结，对于考虑欠周的细节也毫不避讳，但是唯独不突出自己，这也是他一贯的做法。天津战役取得辉煌胜利，也使天津这座城市在我父亲的心中占据了重要位置。记得塘沽新港刚刚建成的时候，父亲还带着我们全家从塘沽港口登上了我们人民海军的军舰，在军舰上给我们讲述了塘沽的历史和天津解放的经历，对此我记忆犹新。

克己奉公　严格勤俭

在战场上和工作中，父亲的要求非常严格，强调时间就是生命，各级军官如果贻误战机，或者不按时汇报军情，是要严肃对待的。但对待普通战士，父亲非常关爱。他常说，在长征途中他的警卫员就牺牲了42人，并且经常和我们讲，他能活到现在是无数烈士献出了宝贵生命换来的。父亲对待他的上级领导，也是敢于直言进谏，提出自己的看法，当然如果上级已经定下来的命令，他也丝毫不打折扣地坚决执行。

父亲在苏联生活战斗过，可以说当时无论生活还是学习条件，对比同时期国内都是优越的，解放后我们家里的生活条件也不错，但是父亲一直保持着勤俭节约的工作作风。当时国家组建空军时，从毛主席到各位领导人都非常重视，尽可能地倾入了大量的人力、物力、财力，但我父亲明确提出花钱一定要谨慎，不能做"败家子"，可花可不花的钱一定不能花。比如买飞机、培养飞行员这些首要任务，一定全力以赴，但其他不必要的开支是能省则省。所以空军在20世纪五六十年代都没有盖过礼堂、游泳池、俱乐部、新办公楼等。再如我父亲要求一个信封先用铅笔写一遍，使用过的信封翻过来再用钢笔写一遍，最后用毛笔再写一遍，一个信封要重复使用三四次，包括铅笔用短了也要用笔套套上接着使用，他坚决反对铺张浪费。

父亲工作时可以说是废寝忘食。有时候看他工作特别劳累，母亲就劝他要注意休息，不能太拼命。父亲总是说，我这点工作算什么呀，主席、总理每天都要为全国上下各个方面操劳，比我们要辛苦得多，我还年轻，要更加把劲工作。父亲有一句口头语，说人的脑子不像电灯，有个开关，一开一关就能工作或休息，这么多任务、工作千头万绪，不把它们想明白、弄清楚、完成好，怎么能休息。父亲在家时也总在办公，到了吃饭的时候饭菜已经做好了，工作人员去叫他吃饭，往往叫了几次都叫不动，这时候母亲就派我再去叫，我连拉带拽地才能把他拉来用餐。我们家住在部队大院里，父亲经常在指挥所里指挥作战训练等战况，常常是连续很长时间不能回家，当时条件也比较简陋，指挥所没有餐厅，都是家里做好了饭装到饭盒里给父亲送过去，光我就跟着工作人员送过好几次，但他忙起来也顾不得吃，我们就得把饭取回家热热再送过去，往往要反复好几次。

父亲对待工作一贯是高标准、严要求，哪怕一件小事也要落地有声。领导布置的工作完成情况要及时汇报，自己布置下去的任务要听到回音。如果工作出现分毫差错，他绝不留情面，该批评的就批评。但父亲是对事不对人，指导完工作又和工作人员有说有笑，和飞行员也好，普通战士们也好，关系都非常融洽。所以有的人刚刚和父亲接触时都非常拘谨，但在熟悉之后又觉得他非常有亲和力。父亲下部队不是先听汇报，而是直接扎到基层，坐在飞行员宿舍里和大家交流谈心，看看大家的生活环境，甚至飞行员宿舍里挂什么颜色的窗帘他都要考虑过问，看看是不是有利于飞行员休息。比如咱们空军击落敌机后，父亲不是听各级领导的汇报，而是直接和击落敌机的飞行员，或者是地面指挥员进行交流。有一次咱们空军击落了敌机，父亲就专门询问击落敌机的飞行员，问他在这次作战中还有什么人起到了重要作用。飞行员说地面的领航员发挥了重要作用，为击落敌机提供了非常准确的信息。父亲当即就提出要给飞行员和地面领航员同时立一等功，并且带着飞行员和领航员一起到北京受到周总理的接见。

心系文艺　好戏连台

我父亲非常关心部队的文艺建设，他认为文艺工作在政治工作中有特殊的作用。空政文工团有一个著名的节目叫作《革命历史歌曲表演唱》。起因是1960年我父亲随贺龙等将帅组成的代表团访问朝鲜时，看了一部朝鲜的歌舞表演《三千里江山》，这是展现朝鲜革命战争历史的一场大型演出，他看了以后觉得非常有气势，就想到中国革命历史如果以歌舞的形式展现出来，很能够教育广大人民群众。所以父亲回国后就给空政文工团提了一个建议，能不能搜集中国革命历史中各个时期的红色歌曲等素材，以歌舞形式编排后在舞台上展现出来。文工团接到这个任务后就到老区去采风，搜集革命歌曲，我父亲不但自己提供歌曲，讲述历史背景，还号召空军的一些老战士、老红军都来献歌。除此之外，他还邀请了很多老同志，像萧华、杨尚昆同志的夫人等来献歌献谱，就这样老同志们你一句我一句，把好多历史革命歌曲编凑了出来。

父亲组织创作的歌曲《十送红军》，后来被央视播出的电视剧《长征》采用，至今传唱不衰。另一首反映中国革命历史的更大规模的歌舞史诗《东方红》，空政文工团很多人员参加了创作和演出，后来被誉为20世纪华人音乐舞蹈经典。

我父亲积极推动女飞行员队伍的建设，还提议创作话剧《女飞行员》。在当年三八妇女节前后，《人民日报》全文刊登了这出话剧的剧本，这是非常少见的。

因为父亲重视文艺工作，还亲自指导创作，所以当时文工团都说我们有司令员一级的总导演。父亲提出的意见往往非常具体，审查演出、修改剧本的时候父亲都要亲自去现场指导。空政还有一个知名话剧叫作《年轻的鹰》，当时周总理看了后很赞赏，说把空战拿到舞台上来演，这是一个创造。

父亲还亲自参与指导了空政文工团排演的歌剧《江姐》的创作。他不但对人物的设定、表演和角色的把握提出了非常具体的意见，还提出要创作一首主题曲作为全剧的主旋律来反映江姐的精神境界，他令阎肃反复创作，最终亲自选定《红梅赞》作为歌词，并几经修改谱写成主题曲，为全剧大为添彩，后《红梅赞》唱响全国。

言传身教　润物无声

对于我们的教育，父亲提出的第一要求就是一定要好好学习，掌握一种报效祖国的技能。当然父亲说的这种学习不是死记硬背，而是一定要有自己的思考，武装自己的头脑。记得我上小学时，有一次说只要把数学学好就可以，语文大家都会，不用太费心学。当时父亲就指出我这个想法不对，语文是各科的基础，是提高理解能力的关键，如果语文学不好，其他学科也学不好。父亲还要求我们一定要对党、国家和军队，对我们的国家和军队要热爱和忠诚，教育我们一定要听毛主席的话，要积极加入共青团、共产党，要忠于祖国、报效人民。

图为刘亚楼将军与妻子翟云英合影

　　父亲有一条规矩,就是家属和子女不要过问也不能干扰他工作上的事。母亲和父亲相识在东北,虽然战争年代母亲多次去前线看望父亲,那也只是关心他的生活,不能影响他的工作。母亲常常很久见不到父亲,但她知道父亲是在为解放全中国的大局而操劳,所以母亲承担了家里所有的事务,连自己生了重病都不告诉父亲,从不抱怨或影响父亲的工作。新中国成立后,母亲上了军医大学,学习工作之余,还要照顾全家老小。后来母亲生了病,有人建议她不要工作了,专职照顾家庭,照顾父亲,我父母都坚决反对。母亲一直从事医务工作,有一份自己的事业,她热心为群众服务,也深受大家尊重。父亲去世时,我们都还小,母亲一人既要工作,还要照顾全家老小,把我们全都抚养大,付出很多,十分不易。在赡养老人方面,母亲尽心尽力,不但要照顾和我们一起生活的姥姥,还要赡养一直在老家生活的父亲的养父,母亲每个月按时给老人邮寄生活费,直到老人百岁去世从未间断。老人去世时,母亲还专门带着我们坐火车转汽车千里迢迢回到闽西老家去办理后事,深受乡亲们的赞扬。

　　父亲对我们的教育是潜移默化地言传身教。他不是只用谈话的方式给我们提要求，更多的是一种以身作则，用自己的行为举止来影响我们，让我们在无形之中受到教育。因为父亲平时工作很忙，经常开会、出差、下部队，在家时间很有限，我们也都在上学，相聚的时间不多，有时全家人坐在一起吃顿饭都很难得。在生活中，他要求我们一定要勤俭节约，吃饭的时候不能浪费，哪怕掉了一粒米、一颗菜也要吃干净。他自己的衬衣、毛衣都是补了又补，缝了又缝，有的衣服破了，别人提醒他该换掉了，他也要让我母亲给补补接着穿。看到父亲这样做，我们也养成了同样的习惯，能坚持穿的衣服绝对不随便扔掉。父亲经常工作到深夜，每每回到家中我们都已入睡，但不管他多晚回家，都一定要到我的房间，看看窗户、窗帘有没有关好，被子盖好没盖好，父亲对我们的爱往往是通过这种非常细腻的方式体现出来。

　　父亲要求我们要学会独立，将来要靠自己闯一番事业，不能靠他的关系、沾他的光。他经常和我们讲，一定要以普通老百姓、普通学生的身份来学习和生活，不要靠家里的声望走捷径或者炫耀自己，所以我们在学习或者工作中都不提家庭背景情况。记得我中学时下乡劳动，一人背着被褥打成的背包，提着洗脸盆等日用品，还要带着衣物工具等去学校集合，不管路途多远，从来没有用过父亲的公车接送，都是自己换乘好几趟公共汽车往返，父亲在这方面要求得非常严格。

　　我父亲一直对福建闽西老家非常关注，新中国成立后他回过两次老家。那时候老家还非常贫困，没有公路，回乡要骑马翻山。父亲专门到学校给学生们作报告，看望幼儿园的孩子，到农机厂视察，看到县医院缺少医疗设备就帮助解决了 X 光机和救护车，还为县里解决了一些实际问题。另外，父亲还专门探望了烈士家属，以及自己的老师，为牺牲的烈士写了证明材料。因为那时候我们都还小，从没有回过老家。父亲叮嘱我们一定不要忘记自己的故乡，不能忘记家乡老百姓为中国革命作出的牺牲和贡献。

图为刘亚楼将军大女儿刘煜鸿采访间隙照

　　父亲英年早逝，从发病到去世不到半年时间。他一直忙于工作，先前还和李先念一起率代表团出访了罗马尼亚，但身体一直不适，回国后又忙于工作，顾不上检查。最后病情已经很严重，检查时各项指标都严重超标。即使身患重病，父亲还是坚持到南方部队研究工作，因为当时敌人的无人侦察机经常出现在我国南方领空，这种无人机飞行高度很高，当时我们的歼击机飞不到这个高度，父亲与前线指挥员一起研究怎样能够把敌人的无人机击落。当时一个参战飞行员因为三次开炮都无法击落敌机，炮弹打光了，就想驾着飞机把它直接撞下来，但因速度太快，动作过猛，飞机发生螺旋，最终飞行员跳伞，飞机坠毁。发生这件事后，部队领导批评飞行员好大喜功，蛮干，造成了损失，要给飞行员处分。我父亲听到这个情况后就直接来到部队，表示飞行员不是蛮干，而是勇敢，敢于撞敌机的精神难能可贵，是值得鼓励的，至于飞机失速坠毁，我们要好好地总结经验教训，研究更好的战术把敌机击落，而不能因此挫伤飞行员的积极性。这个飞行员热泪盈眶地说："还是司令员了解我们飞行员的心啊！"从而引起部队的强烈反响。同时父亲和指挥员、飞行员等人一起反复研究商讨，提出了一种"甩上去"的方法，就是在飞机到达升限高度时发射炮弹，这种方法后来经过飞行员的苦练终于取得了战果，击落了敌人的无人侦察机。在父亲给毛主席写的报告上，毛主席亲笔批示："亚楼同志：此件已阅，很好。闻你患病，十分挂念。一定要认真休养，听医生的话，不可疏忽。"

随着父亲病情加重，罗瑞卿总参谋长亲自到我们家中宣布主席和军委的指示，让我父亲停止工作，安心到上海去治病。这样父亲才由我母亲陪同离开北京去治疗。在治病的过程中，父亲一直没有停止工作，他常召集一些同志来谈话，研究空军的建设和作战任务，部署各项工作。当时父亲还在研究修改空军编写的条令、条例，他觉得我们国家的空军已经发展了十余年，应该进一步完善理论建设，形成我们自己的制度规范。对于条令、条例的文字修改，文中的注释，编排印刷，怎样更方便大家阅读，封面的设计等细节，他都要亲自过问和研究关注，指导着编写工作的推进。

父亲患病期间因为怕我们分心影响学习，坚决不让我们到上海探望他。1965年的五一假期前，父亲病情已经很重，母亲就和父亲商量说孩子们要放假了，是不是让他们利用假期来上海看看，父亲仍是坚决不同意，让我们一定要安心学习。母亲只好让我们在家里，在父亲的书桌前拍一些照片寄给他看。父亲在这一年的5月7日去世了，在他病危之际，我们赶到了上海，但是不敢到他病床前，因为直到去世前他都不允许我们去，我们只能隔着门缝，或者站在屏风后面看他一眼，还不能让他看见，更不能和他直接交流。其实父亲非常想念我们，他一直把我们的照片放在床前，还把我给他写的信装在病服口袋里。父亲去世时，党和国家给予了他高度的评价，举行了隆重的、高规格的悼念活动。父亲没有给我们留下什么遗言和遗产，但给我们留下了永久的精神财富。

父亲生前喜欢种树，每当看到他栽种的那些已雄壮挺拔的银杏树，就不由想起他为人做事的品格。

附记

银杏树又叫公孙树，从栽种树苗到收获果实，往往需要三代人的见证。银杏树经得起风雨雷电考验，耐得住光阴雕刻打磨，果、叶还兼具食用和药物价值，因此也被誉为植物界的"大熊猫""活化石"。高大挺拔、美观实用、坚忍沉着……刘亚楼将军偏爱银杏树的原因不一而足。将军曾说，困难即使像高山，我们也要横下一条心把它搬走；困难即使像海一样深，我们也要迎着风浪把它填平。在空军机关大院里当年刘将军亲手种下的银杏树的见证下，共和国空军"雏鹰"已换羽蜕变，振翅长空，正向着人民空军"空天一体、攻防兼备"的强大目标搏击奋飞。仲秋时节，在银杏树下，刘煜鸿阿姨接受采访后，拿出沉甸甸一兜子事先装好的将军生前最喜爱的银杏树结的白果送给我们。这一粒粒希望的种子，蕴含着老一辈革命者的人生准则，也承载着奋斗不止的精神薪火，仍在不断滋养、激励着祖国大地上一代代接棒人。

图为平津战役纪念馆工作人员与刘煜鸿女士的合影

南征北战真儒将　矢志不渝是初心

◆ 邓欣、邓穗口述　武思成整理

受 访 人： 邓欣（邓华之女）、邓穗（邓华之子）
身体状况： 身体及精神状态良好
现 住 址： 北京市海淀区
采 访 人： 沈岩、时昆、王蔚、宋福生、武思成
采访时间： 2019 年 12 月 2 日
采访地点： 北京市海淀区

邓华
（1910—1980）

　　邓华，中国人民解放军上将，1955 年授衔。1910 年 4 月 28 日出生于湖南省郴州（今郴县）永宁乡（今鲁塘乡）陂副村。1925 年到长沙求学，曾参加爱国学生运动。1927 年 3 月加入中国共产党。1928 年 1 月参加湘南起义，1928 年 4 月跟随朱德、陈毅上井冈山，曾出席古田会议。参加了中央苏区历次反"围剿"。1934 年 10 月随军长征。抗日战争爆发后，任八路军第一一五师六八五团政治处主任，参加了平型关战斗。后参与领导开辟平西抗日根据地。1938 年 5 月任八路军第四纵队政治委员，率部向冀东挺进，初创了冀东抗日游击根据地。抗日战争胜利后，到东北任保安副司令兼沈阳卫戍司令。1947 年 4 月任东北民主联军辽吉纵队司令员。1948 年 11 月辽沈战役后，任第四十四军军长。平津战役中，提出以少数兵力监视塘沽、集中兵力先打天津的建议。1949 年 1 月，参与指挥解放天津的战斗。5 月任第四野战军第十五兵团司令员，率部参加湘赣、广东战役。新中国成立后，兼任广东军区第一副司令员。1950 年组织指挥海南岛战役。1950 年 10 月参加抗美援朝战争，任

中国人民志愿军第一副司令员兼第一副政治委员，协助司令员彭德怀指挥第一次至第五次战役。1951年7月作为志愿军代表参加停战谈判。1954年回国，先后任东北军区第一副司令员、代理司令员、人民解放军副总参谋长兼沈阳军区司令员。1960年任四川省副省长，其间深入170多个县市、数百个厂矿和千余个农村社队进行调研。1977年后任军事科学院副院长、中共中央军委委员。曾荣获一级八一勋章、一级独立自由勋章和一级解放勋章。1980年7月3日在上海病逝。

重走父亲的革命路①

　　父亲一辈子的革命道路，实际上完整地反映出一部党史、军史、中国革命史。我在退休以后的十余年里，开始了重走父亲革命道路这一活动，重走了父亲在红军时期、抗日战争时期、解放战争时期、抗美援朝时期等不同阶段的革命足迹，重访了相关的革命旧址、红色遗迹和博物馆、纪念馆。

　　父亲的老家在湖南郴州，我们当时就重访了湘南起义②旧址。在朱德、陈毅领导南昌起义后，我父亲去广州发动起义。广州起义失败后，父亲就撤回到湘南郴州，当时邓中夏在郴州组织的党组织基础好，革命力量雄厚，组织机构建设也比较成熟。随后，蒋介石调动力量镇压我们在湘南的革命力量，我父亲就去井冈山发动了革命。

---

　　① 以下内容根据邓华将军小女儿邓欣生前所述内容整理。邓欣女士于2020年12月3日因病去世，邓欣女士生前热心革命传统弘扬和红色文化传播，对平津战役纪念馆的建设、发展鼎力相助，我们对邓欣女士的不幸逝世，深表痛心和哀悼。

　　② 湘南起义，1928年1月由朱德、陈毅率领南昌起义军余部进抵湘南，同湘南特委共同组织发动的一次伟大的武装起义，历时3个多月，组建了4个工农革命军独立师和3个独立团，创建了湘南苏维埃政府和8个县的苏维埃政权。1928年4月，朱德、陈毅率领湘南起义部队1万余人向湘赣边界战略转移，同毛泽东领导的秋收起义部队在井冈山胜利会师。

图为 2019 年 12 月 2 日采访间隙拍摄的邓欣照片

抗日战争期间，我父亲参与创建了平西革命根据地。平西根据地的战略意义非常重要，不但是华北地区的政治中心、军事中心，还是我军向冀东、热河、察哈尔、辽宁等地进军的前线阵地。因为父亲的好多战友牺牲在平西，安葬在平西，他生前也多次表示要在百年以后和战友们葬在一起。同时，我母亲也有同一个心愿，她觉得这样做特别有意义。于是，父母过世后，我们就把父亲的墓地迁到平西。

我们重走父亲革命道路的第一站就定在平西，我们先到了门头沟。在 1937 年 8 月的洛川会议上，党中央决定开辟冀热察边区革命根据地，我父亲带领先头部队前往门头沟。因为当时宛平附近的党组织比较成熟，李大钊的儿子（李葆华）先前在那里搞过矿工运动，当地有党的基础，也就比较容易开展工作。但当时部队也遇到了一些土匪、反动势力的阻碍，经过我们党带领人民群众坚决开展对敌斗争，消灭了当地的反动势力，成功开辟了平西抗日根据地，并和宋时轮的部队组成了四纵。我们重走了我父亲当时的司令部聂家大院①，还有杜家

① 邓华司令部旧址，又称"聂家大院"，现位于北京门头沟区斋堂镇西斋堂村。原为清代民间建筑。1938 年 2 月，按照中共中央的指示，以晋察冀军区第一军分区第三大队为主，组成邓华支队，邓华任支队司令员兼政治委员，司令部设在西斋堂村中的聂家大院。

庄会师旧址 ①。当时老百姓把当地最好的房子给了八路军，支持共产党抗日，革命军队 5000 余人在这里成功会师。平西革命根据地创立后，按照上级指示，建立了当时北平第一个抗日民主政权——宛平县人民政府，另外还着手组建了咱们的地方党组织——平西地方工作委员会。

父亲以前不愿意和我们讲述他的革命往事，就是因为那些回忆太沉痛。比如说新中国成立后他只回过一次老家，就是祭拜湘南起义牺牲的那些烈士。另外，抗战期间，父亲在一个战斗模范牺牲后着急得一夜都没有睡觉，他对革命战友们的感情非常深。

下面我简单介绍一下我们家里的具体情况。我父母是平型关大捷后在张家口蔚县认识的。当时我母亲是抗日积极分子，张苏 ② 是党组织的负责人（时任蔚县县长），他就把我母亲和其他抗日积极分子带到军队进行慰问演出，这样我母亲就结识了我父亲。因为南北方的口音差异，父母刚认识的时候交流很困难，甚至只能靠写字才能交流，即使这样，他们也结为了革命夫妻，风雨同舟一生相伴。我们家一共有六个孩子，大哥先前失散，是解放战争时期父亲在广州时找到的，大姐于 1944 年在延安出生，二姐在本溪出生，三姐在天津出生，二哥在广州出生，我出生在沈阳。

首先我谈谈父亲对我们的革命传统教育。应该说，父亲对我们的教育是从我们还是娃娃时就抓起来了。我五岁时就被父亲带到晋察冀军区的指挥部聂家大院去接受革命教育。在路上我特别好奇，一直问父亲咱们要到哪里去呀？父

---

① 即宋邓支队会师地旧址，现位于北京市门头沟区清水镇杜家庄村。1938 年 5 月，八路军第一二〇师宋时轮支队奉命由雁北进入斋堂川，与先期到达的邓华支队会师，组成八路军挺进纵队，后改为第四纵队，宋时轮任司令员，邓华任政治委员。

② 张苏（1901—1988），河北省蔚县人，1927 年 11 月入党，是蔚县第一位马克思列宁主义的传播者。抗日战争时期长期，张苏参与晋察冀边区政府的领导工作，解放战争时期先后担任察哈尔省人民政府主席、北岳区行政公署主任。新中国成立后曾任最高人民检察院副检察长、党组副书记。1985 年在中共全国代表会议上被补选为中央顾问委员会委员。

亲说带你到我们曾经战斗过的地方。到了聂家大院后，当地的老乡们特别热情地招待我们，给我们讲父亲的革命故事，说父亲是了不得的人物，是指挥百万大军的将军。因为父亲在家里很少提及自己的经历，我们听了乡亲们的讲述都特别惊讶和深受触动。在父亲的建议下，我们家四个孩子参过军，父亲说，有这么一段（参军）经历，对我们以后的人生道路有帮助。

在逆境中，父亲一直保持对党、对毛主席的绝对忠诚，没有丝毫抵触情绪，他还特别注重对我们的思想教育。每次吃饭前，父亲总是拿着"红宝书"，带领我们读毛主席语录，读完才能吃饭。不管走到哪，父亲都把党员证和其他荣誉奖章、荣誉证书带在身边，非常认真保管。父亲在四川抓农机工作时，大部分时间都在基层调研，整个四川的艰苦地区他都跑遍了。父亲在基层接触到了老百姓，发现了很多问题，他都是第一时间给省里打报告，帮助农民解决困难。当时农机厂给父亲特殊照顾，开小灶，但他看到工人吃得很一般，就把肉菜分给大家一起吃。当时有人给父亲送了一些特产、礼物，他统统退还，还要求秘书一定要严格执行。在一段时期里，父亲未领取到个人工资，之后补发时，父亲把补发的工资大概三千元左右都缴纳作了党费。在四川时期，父亲生活水平始终和老百姓一样，那时候烧煤特别呛，父亲有一次得了肺炎，发高烧到39（摄氏）度，他还要坚持去调研，躺在病床上也要听汇报，处理工作。后来毛主席在八届十二中全会上还提到我父亲，对他说在四川没人说他不好，让他继续努力。

在生活上，父亲对自己也很严格，甚至可以说到了苛刻的程度。抗美援朝前，我们家没有私人住房，是借用别人家的车库暂住。抗美援朝回来时，军区给父亲分配了一所大房子，他一去到房子就大发雷霆，说我不能住这样的房子，让工作人员把房子退还。后来军区又给父亲分配了一间小房子，原本分配的房子改成了招待所。另外，父亲对自己的工资待遇也一再要求降低，衣服总是补了又补，用水方面也特别节约，洗脚时往往刚没过脚面就行了。我比较爱洗衣服，父亲就经常批评我用水浪费，这一点我记得非常清楚。另外父亲写字特别小，这是因为他节约纸张，舍不得用纸，以至于后来得了青光眼。还有父亲的公车绝对不允许私用，即使我母亲生病，也是我堂姐用三轮车推着送去医院，我们这些孩子出行也都是乘坐公共汽车或者步行，没有什么特殊的照顾。

父亲对部队的感情非常深，当年父亲离开沈阳的时候，脱下了军装，他感到特别难过，把军装都染成了黑色。在四川时，北京来的老战友，包括秦基伟都到我们家去看望父亲。1977年前后，父亲有一次在301医院住院，好多老同志来看望他，包括彭德怀的妻子浦安修也来了。当时浦阿姨交还给父亲一个金烟盒，这个金烟盒是父亲外出访问时某位外国领导人赠送给他的纪念品，他考虑到太贵重，就上交给了彭老总。彭老总考虑这个烟盒非常有意义，就一直想着还给我父亲，这样浦阿姨替彭老总完成了遗愿。

父亲在四川接到回北京的调令时非常高兴。一开始，父亲调到军科院是为了先熟悉熟悉情况，准备再为祖国军队建设贡献力量。当时外媒报道这一消息时也是用"军队新动向"这种字眼。但是，因为父亲常年超负荷工作，积劳成疾，到北京约两年，70岁就去世了。父亲临终时，从我哥哥的口中知晓自己已"平反"的消息，说自己是"打不死、斗不死、病不死"，但想到自己才恢复工作两年，还想继续为党工作，但是身体不允许了，他感到特别遗憾。

父亲去世时我才20多岁，因为父亲一直不愿意和我们讲述他的经历，我也就一直认为他只是一个老红军。父亲去世后，我翻阅了相关书籍，了解到党和人民对父亲的评价，包括一些外国专家学者写的文章，才认识到父亲原来这么伟大，思想觉悟那么高，才意识到父亲是真正的英雄。另一方面，随着我年龄的增长，对父亲认识的加深，我更觉得对父亲的了解、研究还够全面，应该继续重走父亲的革命道路，亲身实地去看一看，重温、重读、重走父亲这革命的一生。每每走过父亲曾经战斗的地方，我总要对革命烈士深深鞠躬，因为一踏上革命热土，就切身感受到：如果没有万千革命烈士抛头颅洒热血，也就没有父亲的荣誉满身。

图为平津战役纪念馆工作人员与邓欣（左二）、邓穗（左四）合影

虽然父亲对自己特别苛刻，但对子女们非常爱护。我们小时候生活供应阶段性紧张，父亲总把好东西留给孩子分着吃，每个孩子都得照顾到。父亲还教育我们，一定要和同学打成一片，有什么东西都要和大家一起分享，以至于我在上学和入伍时大家都不知道我是高干子弟。另外，父亲还有一些个人爱好，比如爱下棋，爱听京剧。演唱《奇袭白虎团》的方荣翔，就是父亲在解放战争中争取到革命道路上的。现在习近平总书记提出不忘初心、牢记使命，我们作为红二代，就是要听总书记的话，把红色传统、红色精神永远传承下去。

敢于斗争的硬骨头精神①

我叫邓穗，解放广州时，我父亲是十五兵团司令，1950年我在广州出生。第四野战军从白山黑水打到天涯海角，三大战役第一战就是辽沈战役，辽沈战役是

---

① 以下内容根据邓华将军二子邓穗叙述内容整理。

从锦州战役开始的。1948 年 10 月 14 日，锦州战役打响。辽沈战役胜利后，四野大军入关，进行了平津战役。在这之后，咱们解放军部队就势如破竹、风卷残云，到 1949 年 10 月 19 日广州解放，用一年时间从北到南解放了中国大部。

图为庆祝新中国成立 70 周年群众游行彩车上
邓穗持邓华将军照留影

在锦州战役开始前，林彪组织参战纵队司令开了一个战前会议，就锦州战役是在白天还是夜晚开始进攻征求大家的意见。当时我父亲说应该在白天打，因为我们的部队今非昔比，以前都是进行运动战、夜战，现在我们和国民党军队势均力敌，也配备了重炮，所以应该在白天进攻。林彪就采纳了我父亲的这个意见。10 月 14 日上午 10 点，锦州战役开始，用了 30 多个小时就把锦州拿下来了。

锦州战役结束后，本来计划进行休整，考虑到当时形势，中央军委、中共中央决定缩短休整时间，四野进关准备开展平津战役。我父亲在东北的时候是七纵司令员，入关以后奉命指挥两个纵队进攻塘沽，切断敌人海上逃路。我母亲后来和我讲，父亲到了塘沽后很谨慎，仔细研究了塘沽的地形，认为塘沽多滩涂，很不好打，就安排几个连进行了尝试性进攻，因为没有任何遮挡，国民党火力强悍，硬打硬拼伤亡很大，最后我父亲认真考虑建议不打塘沽，改打天津。现在可能认为这个决定很容易，但当时辽沈战役刚结束，大军迅速入关，中央军委授命我父亲指挥两个纵队，可以说是委以重任，在这种情况下，父亲建议更改军事部署是要承担责任的。听我母亲讲，我父亲当时考虑这个建议时从炕上下来又上去，在屋子里面反复踱步，非常慎重，但最后还是决定提这个建议。林彪非常重视我父亲的建议，派了刘亚楼到塘沽前线又进行了考察，经过反复研究，四野总部决定先打天津，并向中央军委报告，中央军委最后采纳了这个意见。

我们通常讲四野是从白山黑水打到天南海北，但是后面还有一个重要事件就是挥师北上，跨过鸭绿江。1950 年 5 月 1 日解放海南，一般说海南军政委员会第一任主任是冯白驹①，但实际上是我父亲。当时我父亲任职不到两个月，就从海南回到了广州，1950 年 6 月 25 日朝鲜战争爆发，7 月我父亲就带着十五兵团北上，组建志愿军进行抗美援朝。后来我母亲说，她一直记着临行前我父亲对她说，"瓦罐难免井上碎，将军难免阵上亡"，就是说当时我父亲已经做好为国捐躯的准备。因为我母亲当时还怀着我，所以她对我父亲的这句话印象特别深。

我认为志愿军精神内涵丰富，其中最重要的就是"硬骨头精神"，也就是敢打硬仗，不畏强敌。志愿军从司令到普通士兵，都抱着一种为国捐躯、向我开炮的精神。现在有的年轻人往往缺乏这么一种敢于斗争的精神。比如说抗美

---

① 冯白驹（1903—1973），原名冯裕球，海南琼山县人。1926 年 9 月加入中国共产党。1927 年大革命失败后，历任中共琼山县委书记、琼崖特委书记。抗日战争时期，任琼崖东北区抗日民主政府主席、琼崖抗日独立纵队司令员兼政委。解放战争时期，历任中共琼崖区党委书记、中国人民解放军琼崖司令员兼政委。1950 年春，领导海南军民配合野战军渡海作战，解放了海南岛。新中国成立后，任海南军政委员会副主席、广东省人民政府副主席、中共广东省委书记处书记等职务。1955 年被授予中华人民共和国一级八一勋章、一级独立自由勋章、一级解放勋章。

援朝战争中最重要的上甘岭战役，就是我父亲指挥的，当时我父亲调动了全部炮火去支持。朝鲜战争前期，我们主要是运动战，后期我们就开始打造"地下钢铁长城"用来对抗美军的机械化部队，最高峰时我们在朝鲜有 120 万志愿军，每天有 50 万志愿军在零下三四十（摄氏）度天寒地冻的环境下挖掘坑道，那时候机械化很少，都是人工挖掘。上甘岭战役后，美军就再没有发动大规模的进攻了。

我们一般都说朝鲜战争有五次战役，其实本来还有第六次战役，当时军委已经作出了决定，最后我父亲反复考虑，提出不要进行第六次战役。因为随着战争进程延长，越打到后面我们的后勤补给就越困难，伤亡也越大，因此我父亲建议我们不主动进攻，而是等美国来进攻，我们进行反击，事实证明这样比较正确。后来我父亲主持朝鲜战争的停战谈判，最开始提出在"三八线"停战，美国人不同意，要在"三八线"后再推几百公里，这个要求我们也不同意，双方僵持住了。最后我父亲提出就地停火，这样距离"三八线"有的地方美国多一点，有的地方我们多一点，美国多的那一部分是山区，我们多的这一部分是平原，经济、军事上更划算，当时这个方案一提出，两方都觉得可以接受，达成了协议。

父亲认真谨慎的作风让我受益终身

父亲给我留下的第一印象是无论对待工作还是生活都非常认真。我父亲在参加革命前就上过学，在教会学校学了英文、数学，18 岁参加红军，20 岁就是红军师政委，后来被人们称为"儒将"。三十八军的梁兴初、江拥辉两位军长都谈到过我父亲作战特别仔细，和他们算一发炮弹在什么情况下可以打多远，需要打多少炮弹，能覆盖多大范围，算得特别仔细。说起父亲对我的影响，我觉得就是一般和我工作共事的人都说我太细致，这是因为我父亲之前总对我说："这小子粗得很。"我想父亲的这种认真仔细的革命作风潜移默化地影响了我，也让我受益终身。

父亲给我的第二个印象就是谨慎小心。我父亲原来是沈阳军区司令，后来到四川当了副省长，比起老百姓也是干部。但是对我们的教育一直都是要跟工农子弟打成一片，不要觉得自己怎么样，要谨慎待人待事。我认为父亲给我的这方面教育，我大概只接受百分之五十，因为现在讲低调做人，高调做事。志愿军精神，社会上一些正能量的事情，我们就是要弘扬，这个没有什么客气的。比如说现在有一些"网红"，本来没有什么事情，就大做文章，有几百万、几千万粉丝。我们这些革命先辈、红二代也要加大宣传，打造红二代的"网红"。比如说我和陶铸的女儿陶斯亮经常聊，她也表示下一代要加强教育，要不然到他们那一代就变成"粉红色"的了，再过两代，就全都忘记了。我们组建志愿军研究会就是为了更好地保护、传承和弘扬红色精神，为国家留历史，为民族留记忆。

附记

邓华将军戎马一生，纵横万里疆场，立下赫赫战功，以争其必然、处之泰然的人生态度，书写了初心不改、矢志不渝的人生篇章。青年时期，邓华就曾撰文写道："青年人当舍身报效祖国，挽救国家危亡，解放亿万生灵涂炭！"革命生涯中，面对起落浮沉，他不唯上、不唯书，常思全局大势，不计个人得失，这种修齐治平、爱党爱国的家国情怀，敢于斗争、务实求真的担当精神，谦虚谨慎、严于律己的处世原则，在邓华子女的回忆讲述中生动再现。正所谓"父在，观其志；父没，观其行"，无论是重走父亲的革命路，还是投身志愿军研究会建设，邓华子女所言、所行、所感无不表明将军的红色家风得以充分践行，并且将一代代传承下去，发扬光大。

出生于天津的广州军医

◆ 丁力口述　时昆整理

受 访 人：丁力（丁盛之女）
身体状况：身体及精神状态良好
现 住 址：广东省广州市
采 访 人：时昆、王蔚、张一拓、马楠
采访时间：2023 年 7 月
采访地点：广东省广州市越秀区

丁盛
（1913—1999）

　　2023 年 7 月底，我们得知四野后代在广州聚会的消息后，马上与牵头人取得联系，并迅速决定冒酷暑前往广州追寻红色记忆。口述史采访工作是我们研究部的常规动作，从 2018 年开始我们便展开了对经历天津解放的老市民和参加平津战役的老战士的抢救性找寻和采访。几年来，老战士们已相继离世。为了继续开展对平津战役乃至整个红色革命战争史的挖掘研究，我们开始了对红二代的走访，希望能从他们的描述中看到更加鲜活、丰满的父辈形象。

广州偶遇　天津老乡

　　这次的采访对象丁力女士，本来不在采访的名单中，算是一个意外收获。采访工作有时候像滚雪球一样，我们刚好从上一位被访者处得知，丁女士在天

津王庆坨出生，从小随父征战，亲历天津解放，后受父影响参军入伍，如今已成为广州著名的消化科主治医师，现居广州。我们必须抓住这次难得的机会，听听咱们天津老乡讲述父辈解放天津的故事。

几经沟通，丁女士欣然接受了我们的采访，果然是老乡见老乡两眼泪汪汪。一见面，我们就亲切地称呼丁女士为丁阿姨，一下子就拉近了彼此的距离。丁阿姨热泪盈眶地拉着我们的手说，其实今天我有别的安排了，但是家乡来人了，我必须来看看你们，我已经20多年没回过天津了，好想那里……阿姨若有所思的表情，瞬间把采访的氛围感拉满了。

图为丁力女士

图为丁力与平津战役纪念馆口述史团队合影

　　我父亲叫丁盛，共和国开国少将，江西省于都县人。1930年加入中国工农红军，他十分积极进步，很快就加入了共青团，后又加入了中国共产党。在军旅生涯中，历任班长、连指导员、科长、团政委、旅长、师长等职。先后参加了长征、百团大战、保卫四平、辽沈战役、平津战役等。中华人民共和国成立后，历任副军长、军长、副司令员、司令员等职，参加了抗美援朝战争、中印边境自卫反击战等。1955年被授予少将军衔。1999年9月25日在广州逝世，享年86岁。

　　我叫丁力，1949年2月2日在天津王庆坨出生，广州医学院教授、心血管内科硕士研究生导师。在国家核心期刊发表论文十余篇，并参与编写论著，荣立三等功三次，获得军队和省级科技进步奖二等、三等奖项。在广州军区总医院从事心血管内科工作三十余年，对心血管内科、呼吸内科和老年心血管急重症抢救有着丰富的临床诊疗经验，尤其擅长冠心病、高血压诊治及多脏器功能衰竭的临床抢救和康复治疗，近年从事健康管理工作。

骁勇善战　屡建奇功

　　那时父亲刚打完胜仗，解放了天津，母亲生完我还不能下床，全家就在天津待了一段时间。说来也巧，我家兄妹几个都是随父亲征战出生，大哥1944年在延安出生，二哥是父亲抗战时在东北热河出生的。我是1949年在天津出生的，生完我后全家随部队南下，我弟弟在父亲参加广西贵县剿匪时出生，大妹妹在父亲抗美援朝时出生。后来听母亲说，我家一路跟随部队，条件极为艰苦，但我们从不给组织，也不给任何人添麻烦。

　　父亲作为一名勇将、战将，真的是戎马一生。父亲曾说，他在军旅生涯中有两次飞跃，第一次是通过延安那几年的学习，自己在思想上和素质上都有了质的飞跃。另一次是通过东北八面城长达半年的大练兵，自己在作战水平和指挥能力上实现了大飞跃。

这两次飞跃在而后的天津攻坚战中体现得尤为突出，父亲所在的一三五师是参战的 22 个师中唯一受到四野通令嘉奖的。嘉奖令上写道："我一三五师是个较年轻的部队，过去攻坚战经验不足。这次担任民权门的突破战，在作风上表现了动作迅速，作战顽强。发动冲锋后三分钟内即登城……特别是四〇三团虽伤亡过半，但并不叫苦，还坚决完成攻击任务，四〇四及四〇五团进入纵深后发展甚快，迅速攻占了金汤桥。现特予该师以通令表扬。"战后，四〇四团七连还被命名为"金汤桥连"，至今该连都一直存在，现隶属中部战区第八十一集团军某旅。

图为四十五军政治部、司令部授予
四〇四团七连"金汤桥连"称号

这种嘉奖在当时东野师级单位中是极罕见的，尤其是我父亲任师长的一三五师，不过是一支成立时间不长的"游击师"，所以更是难得。我记得《东北三年解放战争军事资料》中，有一段对一三五师的评价是这样说的：二十四师（八纵二十四师，即一三五师）过去参加游击战多，部队能吃苦，有朝气，进步很快，夜战动作也快，能担任攻坚。

我父亲可以说是参加战争最多的一位将军，抗美援朝他到了朝鲜，虽然他们去得比较晚，但金城反击战打得非常成功。1953年6月下旬至7月27日，父亲率部参加金城战役，与其他部队一起，共歼以美军为首的"联合国军"5.3万余人。金城战役向金城方向推进了160多平方公里，拉直了金城以南战线，有力地促进了朝鲜停战的实现。然后父亲他们一直到1958年还帮朝鲜恢复建设，是最后一批离朝的解放军干部，后来又到了重庆，在青海、西藏解放过程中也作出了很大贡献。

因为我父亲有勇有谋，在后面参加的中印边境反击战中，指挥部直接被中央军委以指挥员丁盛的名字命名为丁指。这一仗也打得非常漂亮。我听国防大学一位教授讲毛主席的战略非常伟大。1962年10月16日，丁盛统一指挥中印边境自卫反击战瓦弄地区的作战行动，歼灭印军大部，印军余部溃逃到峡谷、深山密林。瓦弄之战是中印边境战争中关键一战也是最后一战，歼灭印军3个营全部、1个营大部和印军第十一旅旅直分队等部共12000多人。当时我们把印度给打怕了，到后来他们的训练都以四十五军为攻击对象，因为就是四十五军把他们打成这个样子的，并且当时印度的这支部队也参加了第二次世界大战，是经受过战争洗礼、见过大世面的精锐作战部队，我们居然把他们打赢了，说明我父亲带领的四十五军在国际上都具有一定的影响力。

言传身教　坚定信仰

我们兄弟姐妹后面的工作学习受父亲影响也很深。我父亲跟我们反复讲的

第一条就是要艰苦朴素，第二条是要团结，第三条是要能吃苦。

1968 年很多学生都参与了上山下乡运动，因为我们还小，父亲就把我们兄妹几个放到部队了。我则被父亲直接放到了广州的海岛上，当时海岛是最艰苦的地方，我们在海岛上其实就是住在渔村，真是又苦又偏远，一刮台风都没有吃的。我哥哥、弟弟、妹妹则在各个野战军参军，同样都是在极为艰苦的条件下，父亲也没有想过把孩子们留在大城市，真的是践行了哪里艰苦就到哪里去的铮铮誓言。父亲那辈人真的就没有要走后门和享特权的概念。

父亲认为我们兄妹几个都是要吃苦的，一定要到基层去锻炼，要和大家打成一片。我记得那时候我弟弟就提出来想上学读书，不想在部队了。虽然我们有这种上学的愿望，但是被父亲压制了下来，父亲说不要上学，就要在基层做步兵，要在部队好好干。所以他们都没有上学，只有我后来考上了军医大，我兄弟姐妹如今也都生活得不错，但确实都是自己在部队一步一步地从基层干起来的，没有享受过任何父亲带来的福利。即便如此，我们现在回想起父亲当年对我们的言传身教，内心仍然充满了感激和敬畏。

虽然我们不能说对国家、对社会做了什么大贡献，但是我们也都继承了这种优良传统。在祖国最需要的时候，我们兄妹几个都奔向了比较辛苦或者是偏远的岗位，虽然我们没有像父亲一样奋勇杀敌，但也为祖国的建设作出了自己的贡献。

后来和父亲聊天，我也问过他，我说在解放战争中你有没有过犹豫或者惧怕，父亲表示总是在不停地打仗，根本没有时间考虑这些。我脚踩着大地就一路走，一路打，从东北一直打到广东。父亲说他非常有信心，非常相信能打赢，跟着毛主席一定能打赢，新中国一定得胜利。这就是父辈坚定的信仰，一路支撑他们所向披靡。

我们子女也是，我们的血管里就流淌着红色的血脉，我们所谓的自豪，从来不会是我们去享福，或者我们搞特殊，我们都是兢兢业业、勤勤恳恳地做着自己应该做的工作，一直到退休。我们不负父辈用生命打下来的江山。不管我们碰到什么困难、碰到什么挫折，甚至遭受什么委屈，我们也从来不抱怨，我们始终坚信历史就是历史，事实就是事实。我们也是靠着这种信念一路走来，我们永远相信毛主席，永远相信中央军委，永远相信我们伟大的共产党。

另外，我的家公也是福建的老红军，上杭才溪人。去年我们带着我们的孩子、孙子回老家，也是想让后辈们在红色的土地上走一走，让他们在这片土地上亲身感受，先辈们当年多么不容易打下的江山，我们的幸福生活又是多么的来之不易。

图为丁力全家合影

人要学会在逆境中前行

◆ 王飞虹口述 张一拓整理

受 访 人：王飞虹（王奎先之子）

身体状况：身体及精神状态良好

现 住 址：广西壮族自治区南宁市

采 访 人：刘佐亮、时昆、张一拓、宋福生

采访时间：2023年9月24日

采访地点：广西壮族自治区南宁市青秀区

王奎先
（1916—2003）

　　王奎先，霍邱县孙岗乡（今叶集区）人，1916年生，1930年入团，同年参加红军，1933年加入中国共产党。历任红军宣传队分队长、营教导员；抗日军政大学第一分校干部训练队队长，八路军山东纵队第五旅十五团代团长，胶东军区北海军分区独立第一团团长、中共北海地委常委；松江军区哈南军分区司令员，东北民主联军松江军区独立第三旅旅长，哈尔滨市警备司令部副司令员，东北民主联军独立第四师师长，东北野战军第十二纵队三十五师师长；第四野战军四十九军一四六师师长兼广西军区柳州军分区司令员、中共柳州地委常委，广西公安总队司令员，第四十一军副军长、广西军区副司令员。1955年被授予少将军衔。荣获二级八一勋章、二级独立自由勋章、二级解放勋章、一级红星功勋荣誉章。2003年4月病逝于广西南宁。

父母情况

　　我父亲叫王奎先，小时候家里非常穷。我的爷爷王根成是河南人，当年身无分文从河南流浪到霍邱县。爷爷的个子高大，就像我一样一米八，被当地姓葛的人家看上了，看他有力气，就说你到我家干活吧，就这样爷爷到他家里做工。为了糊口，爷爷当了葛家的所谓上门女婿，其实是免费的长工。前几年还好，等到生了我父亲和我叔叔，吃饭的人口多了，葛家就想赶他们走，还天天骂："穷鬼嫁不出去，招女婿害人。"奶奶终于受不了气，丢下爷爷，背着2岁的叔叔，牵着4岁的父亲出门讨饭，宁死也不肯回。但讨饭的生活更悲惨，一天要饭时，奶奶被地主家的狗咬伤，绝望中走进乱石岗。当天半夜一村妇上山找羊，听见婴儿哭声，发现奶奶用裹小脚的布吊死在树上，背上有叔叔，地上父亲抱着奶奶的小脚痛哭。好心的村妇喊来乡亲救下两个孩子，埋葬了奶奶。此后为了活命，爷爷将父亲送到地主家当长工，吃不饱穿不暖，挨打挨骂，冬天光脚在山上赶牛，每次牛拉屎，父亲急忙将双脚踩进牛粪中取暖。那时候基本都是白干活，吃饭也是饥一顿饱一顿的。

　　直到有一年，红军来到安徽，应该是红四方面军的部队。来了以后，在当地组织儿童团，父亲就加入儿童团并做了团长，后来又加入了中国共产主义青年团。在儿童团不到一年，由于父亲对敌斗争坚定，表现特别突出，被叶集区苏维埃保卫局看中，把他调到保卫局当通讯员。就这样，父亲离开爷爷，跟着红军走了。爷爷一共有两个儿子，除了我父亲，我的叔叔后来也参加了红军，但就在参军的第二年就在霍邱城保卫战中光荣牺牲了。

　　第四次反"围剿"时，父亲被编入红二十七军，在警卫连当战士，那年他才十五六岁。他先后参加了第三、四、五次反"围剿"，由于他革命意识强，打仗也特别勇敢，经常冲锋陷阵，不怕牺牲，成长和提拔得都比较快。1934年，红二十五军长征时过陕西秦岭，秦岭山高坡陡，路险峻难走。长征途中，通过沿路的学习和战斗的锻炼，父亲也是快速成长，最终克服了重重艰难险阻，随军到达陕北。

我母亲和父亲是两个极端，我父亲家里穷得不能再穷，属于社会底层，我母亲是大小姐，按照她的家庭出身，是不应该跟共产党走的，但是最后她不但是共产党，而且是共产党的忠诚党员。为什么共产党最后能得天下，原因就在这，共产党得人心，不但穷苦农民的人心得到了，知识分子的人心也得到了，能够团结大多数民众，而且让人们都信服、坚定地跟着它走。

我母亲叫郭梅，籍贯是贵阳的，家里算大地主有钱的，但家里一直以来非常注重教育。母亲从小就受到了较好的教育，后来在贵阳当地工作。抗日战争爆发，母亲加入了抗日游行队伍，被国民党镇压，在这个过程中她被抓了。后来她受到了共产党地下党组织的引领，去了延安，投身革命。到延安时母亲先是在抗大，但是没地方住，就得挖窑洞。当时我父亲也在抗大，好像是抗大的军事教员，他是一点文化都没有的，但军事教员主要是教打仗、作战。他教我母亲挖窑洞做示范，两人就这么认识了。后来他们在抗大，从延安到太行山最后到胶东。父亲任团长时两人结婚（当时干部结婚的条件是"28团"，即红军，28岁以上，团长以上干部）。

东北剿匪

后来组织上派我的父母到胶东根据地工作。因此我在山东出生。小时候我经历了一次危险情况，我也和你们讲讲。当时日本鬼子进村扫荡，我们这些家属就钻地洞躲起来。大人怕小孩哭，所以每次我母亲都准备好，一钻地洞就准备点吃的东西。但那次敌人来得太快，来不及带东西，小孩子在里面时间长了一定要哭，大家又不能不让他哭，但一哭不就被敌人发现了吗？怎么办？情急之下，母亲就拿毛巾塞我嘴，差点把我憋死了。但很幸运，当时母亲在八路军的后勤单位，敌人一来扫荡，父亲得到消息怕后方损失大，就及时带部队打过来了，还算不错，最危险的时候父亲带着部队把敌人打跑了，再晚一点，我可能就不在了。这是我小时候经历过比较危险的一次。

父亲原来是留在胶东根据地不去东北的，有一天他护送吴克华出发去东北，他是负责保卫首长们的，吴克华还有万毅，他们去东北，父亲本来认为把他们送到海边送上船也就完成任务了。到海边以后，吴克华对他说，你跟我去东北。父亲说组织上怎么定的？吴克华说这事我能决定，父亲说行，就去了。他就是这么去的东北。

由于东北被日本人侵略占领久了，当地群众都憋了一肚子气，一看共产党的部队来了，很多人都参军，部队也很快就发展到几千人。后来以此为基础先后成立了东北民主联军三支队（父亲任司令员）、松江军区三旅（父亲任旅长）、独立第四师（父亲任师长）。父亲在东北领导过的比较出名的战斗是小山子战斗。当时是在北满分局和松江军区领导下，哈南军分区的部队在哈南、哈东、哈北地区开展艰苦的剿匪斗争，目的是帮助建立地方政权。小山子战斗，就是巩固五常县新解放区的一次关键战斗。

小山子镇在五常县城东 150 余里的地方，历史上一直都是土匪的据点，东北有名的女匪首"一枝花"就在小山子镇。这股土匪在当地可以说是无恶不作，经常下山骚扰或者攻打县城，抢夺粮食，严重阻碍我军发动群众。1946 年初，父亲带领部队围攻小山子镇，镇的周围有高大的城墙。刚开始打的时候吃了些亏，进攻的时候，因为他们打仗都有经验，这里有点经验主义起了作用，从延安来的有炮兵，说炮兵怎么厉害，就开始有点过分迷信炮兵了，结果炮兵并没有说得那么厉害，没起到预期效果，打不进去，而且我军有些伤亡。第二次进攻就不依靠炮兵了，采取什么办法呢？让战士穿白衣服，在雪地里匍匐前进，前进到城堡底下，埋炸药包，最后把土匪的城堡炸开了，部队再冲进去，最后把土匪剿灭。

但是并没有发现这个"一枝花"，原来是她躲到老百姓家去了，战士就挨个屋搜查。她跑到老百姓家，威胁人家说："要是暴露了就杀你们全家。"结果部队冲进去搜查，刚开始没发现什么，表面上就是一家人坐在那，但后来一个战士眼尖，发现怎么这家婆婆在那直哆嗦，但女人很镇定，战士就让女的站起来，结果屁股下面有枪，就这么把她发现了。东北现在好像还在流传，说杨子荣和王奎先两个都在侦查剿匪什么的，这个就是传说中的，不是真实的情况。当时父亲已经是司令员了，是攻城的司令员，不可能当侦查员。但是民间流传的王奎先当侦查员，跟杨子荣剿匪，这不是事实。但这说明什么？说明小山子战斗、"一枝花"在当地让人印象很深。

解放平津

1948 年 4 月，东野第十二纵队成立，钟伟任司令员，袁升平任政委，下辖三个师。独四师编为三十五师，王奎先任师长，栗在山任政委，下辖一○三、一○四、一○五三个团。6 月 22 日起，三十五师参加围困长春的战役。9 月中旬，辽沈战役打响。9 月 30 日，三十五师随十二纵担负中长路长春至开原段钳制敌人的任务，使沈阳之敌不敢北守，长春之敌不敢南逃。10 月 19 日，长春解放。11 月 1 日，解放军对沈阳发起总攻。11 月 2 日，三十五师协同兄弟部队攻入沈阳。11 月 3 日，中共中央电贺东北全境解放。在辽沈战役中，三十五师先后歼灭大兴屯、苏家屯、宝石寨、三间房守敌共 5800 余人。

1948 年 11 月下旬，东野总部发出"向华北进军、解放平津"的命令，根据中央军委统一编制和番号规定，父亲所在的十二纵改为第四十九军，三十五师改为一四六师。父亲的部队是在 1948 年 12 月中旬入关的，配合兄弟部队相继解放了唐山、芦台等地。到达天津外围后，奉命在四十四军军长邓华统一指挥下，准备夺取塘沽，封锁敌人海上逃跑线路。塘沽是一个背面靠海的港口，地势开阔，河渠纵横，前面大片盐田，冬天不结冰，不利于部队大规模正面开展攻势，敌首侯镜如的指挥部设在军舰上，准备随时逃跑。后来中央审时度势，决定先打天津，缓攻塘沽。这是非常英明的，先吃掉主要敌人，再打塘沽的。攻打天津，我军以第三十八、第三十九两军于天津西和平门一带突破，第四十四、第四十五两军于河东王串场、民族门一带突破。第四十六军和第四十九军一四五师由津南尖山子向北攻击。天津战役经过29个小时，守敌13万人为我军彻底歼灭。父亲所在的一四六师则顺势向塘沽进逼，于16日16时发动攻击。此时敌军已无斗志，侯镜如率主力狼狈乘船从海上逃走，17日解放军解放塘沽。

天津解放后，一四六师进驻天津河东区，驻扎在建国道、达仁堂制药厂和国棉三厂等地。战士入城后，按要求严格执行"三大纪律八项注意"，自觉执行党的城市政策。后来我听老战士们说，在看守仓库、工厂及公共设施过程中，我们的指战员可以说切实遵守"只准看管，不准动用"的规定。当时正是冬天最冷的时候，大家都穿的薄棉衣，盖的都是薄被子，但没有人去动看管的物品，宁可自己啃冻上的棒子面窝头，也没人拿仓库里的食品。一四六师在天津担任卫戍任务4个多月，直到1949年4月，接到新的命令——"打过长江去，解放全中国"。就这样，他们整装南下，继续南下战斗。4月21日，按照毛主席、朱总司令向全国进军的命令，四野主力兵分三路向南进军。4月22日，一四六师从静海出发，经津浦路南下，通过黄泛区，横越陇海路，于6月初进入鄂北天门。7月9日，宜（昌）沙（市）战役打响。15日，王奎先指挥一四六师攻占江陵，歼敌六十四师一四〇团，俘敌1723人。8月16日，一四六师追歼在长沙起义的国民党部队部分叛军，至湖南界岭、青树坪一带，遇白崇禧主力设伏顽抗，经过激烈战斗，歼敌700余人。在9、10月开展的衡（阳）宝（庆）战役中，一四六师追敌至灵官殿五峰山区，歼敌1730余人。

广西剿匪

1949年11月6日，解放军发动广西战役。四十九军一四六师由湖南入桂，11月29日到达柳州。12月11日，成立"一四六师兼柳州军分区"，我父亲兼任柳州分区司令员，师政委栗在山兼任柳州军分区政委，军分区最主要的任务就是肃清柳州地区所辖10县的残匪。

柳州地区历史上是一个匪患严重的地区。解放前夕，国民党华中军政长官白崇禧在撤离柳州时，有计划留下一批残余武装与当地惯匪、地痞流氓、反动地主恶霸和军政警特人员拼凑成反人民的武装组织，在我人民政权立足未稳之际，为匪作乱，妄图颠覆新生的人民政权。再加上在解放初期，台湾势力多次派遣特务潜入广西，暗中策划，土匪活动更是有组织、有目的、有计划。全地区发现土匪有数万人之众。他们到处攻打区、乡人民政府，杀害我工作人员、农会会员、民兵和积极分子，打死打伤我军战士，危害十分严重。

根据毛主席指示，按照广西军区的部署，从1949年12月至1951年4月25日，父亲和政委栗在山指挥柳州军分区部队，全部肃清了整个桂中及柳北地区的股匪，按时完成了党中央、毛主席交办的任务。长达一年半的剿匪斗争中，广大指战员机智勇敢，前仆后继，不避艰险，不畏牺牲。他们爬大山，穿密林，风餐露宿、忍饥挨饿、不分昼夜地进行远距离突然奔袭，拉网围击，逐村逐户、逐山逐洞地搜捕土匪，克服了常人难以想象的种种困难，取得了剿匪斗争的重大胜利。

再说回父亲所在的部队。东北民主联军独立第四师是1947年4月在黑龙江双城县组建成的第三十五师，也就是后来的一四六师。这支部队参加过辽沈战役（围困长春）、平津战役、宜沙战役、衡宝战役、进军广西、清匪反霸、土地改革，而后又到天涯海角保卫建设海南岛，可以说为中国革命的胜利作出了巨大贡献。我也希望后人能够记住这支英雄部队，记住那些曾经为中华人民共和国解放事业献出了宝贵生命的英雄们。

图为王飞虹（右）接受平津战役纪念馆副馆长刘佐亮采访

父辈影响

后来父亲到了柳州，担任一四六师师长兼柳州军分区司令员。之后有些部队面临转业，母亲就说，现在已经解放了，以后要以建设为主了，她就主动要求转业到地方参加建设，后来调到柳州铁路局做人事工作。经历了长期的战争岁月，父母两地分居的时候很多，多数时间里我们这些子女也都不在身边。像解放天津后，北京又和平解放。东北、华北、山东的解放区连成一片。四十九军在天津成立了四十九军家属学校，我母亲任校长。这时远在哈尔滨托儿所的我（六岁）和老三王飞欣（三岁）被高野阿姨（解放军进入东北在哈尔滨市组建军属托儿所时，她是管理儿童的阿姨）送到天津母亲身边。老二王飞明（四岁）也由组织上派人到山东找到后，由政府用几百斤小米换回来到天津。当我父亲见到王飞明时，故意问他："你父亲是谁？"飞明回答："我父亲死了。"（二弟的养母当时说过谁要是问你父亲，就说死了，所以他就这么答）父亲哈哈大笑！当时老四王飞荣刚生下来不久才一岁左右，我们全家六口人终于第一次大团圆。不久，父母先后南下继续征战，我们又回到天南地北各自生活的状况。很快部队要南下，四十九军家属学校解散了。母亲回到一四六师任师卫生部政委，我被安排到汉口四野子弟学校。

全国解放后，我来到柳州与父母团圆。当时父亲很想回老家寻找断了联系20年的爷爷，但广西当时剿匪任务很重，回老家根本不可能。当时军队执行供给制，所有人都没有工资，仅在吃饭时分大、中、小灶。平时我都是和战士一起吃大灶。有一次父亲安排全家一起吃小灶，吃饭时我见到父亲坐在一位老人旁，边吃边聊天。老人突然对父亲不满，说什么我听不懂，也不敢问。直到所有人回房休息，只剩我和父亲时，我才敢问："老人为什么不满？"父亲告诉我："这个老人是我父亲，也是你的爷爷。是组织上派人到安徽老家找到他，把他接到柳州的。分别20年，我离家时才14岁。他来后我观察了三天，不敢认，怕认错。直到今天吃饭时才与他相认。他生气是怪我连老爸都不敢认。"父亲又对我说："我很忙，从今天开始你天天陪伴爷爷，不许离开爷爷。"从此以后我天天陪爷爷，爷爷喜欢抽水烟，我就帮他点烟。爷爷告诉我："解放后我分了几亩地，以为两个儿子都死了。就对大家说，有一天我死了，谁能把我安葬好，我这几亩地就给谁。没想到政府告诉我大儿子在广西，并派人接我。因我年龄大、身体差一个人不敢远行，就带着汪其昌一路照顾我（爷爷在奶奶去世、两个儿子都参加红军后，一个人孤苦伶仃，苦难中认识了一个干妈，干妈的儿子叫汪其昌，也是我父亲的干弟弟），你应该叫他叔叔。"我喜欢汪其昌叔叔，他经常给我讲杨家将的故事。可是好景不长，两三个月后爷爷生病住院，不久就去世了。当时医疗条件差，医生也说不清是什么病，只说是水土不服。当时我父母都没有工资，是由政府出资在柳州安葬了爷爷。除了父母和汪其昌叔叔外，我当时六岁多，还代表孙辈给爷爷进香。

　　我再说一下父亲对我影响最大的一点，这一点我这辈子都是记着的，他说人要能吃苦，一定要能吃苦。当然谁也不愿意吃苦，但人这辈子不可能都一帆风顺。能吃苦，是要在任何苦中都不动摇你的决心。要能走路，怎么走都要能继续走下去，遇到问题你别都想着很顺利，一定要先想到遇到最坏的情形你要怎么应对。父亲这辈子打仗，从那个年代走过来，他吃过的苦真的太多了，小时候放牛，后来参加红军反"围剿"，再到后来长征，这些都是常人很难体会的。就拿我的经历来说，1968年武大工宣队本来分配我留在武汉工厂工作，但一帮唯恐天下不乱者攻击我。他们质问工宣队："你们不是说到农村插队光荣吗？王飞虹父亲是司令员，为什么不带头光荣插队？"又攻击说："王飞虹母亲是叛徒，他应该到农村改造。"为此还发动近百人游行示威。为了支持工宣队，我决心放弃留在武汉市工厂的机会，主动到农村插队。其实我心里也很难受，这种说法怎么听也不舒服，但那个年代，我考虑到他们的困难，我就响应号召到农村去插队。

　　我插队的地方是湖北省天门县。刚到那里，听说村里来了大学生，生产队的五六名小学一二年级的孩子问我："我们老师说大学生都是五谷不分、四体不勤，是不是？"我说不是，他们就拿一粒蚕豆考我是什么，我回答："蚕豆。"他们哈哈大笑说："这是豌豆"。（当地习惯称豌豆）他们又拿一粒豌豆问我是什么豆？我回答："豌豆。"他们再次笑我说："这是麦豌子。"（当地习惯称麦豌子）又拿一个胡萝卜问我，我被嘲笑又不便对小孩发火，就装傻说："不认识。"他们又从地下捡起一根稻草问我，我再次回答："不认识。"他们笑着说："大学生真笨。"后来房东也说："我们以为来了个傻瓜，现在看来你一点也不傻。"

　　我在生产队挑了两年大粪，大半年都不洗澡（因为当地是平原，没有树木，缺柴无法烧热水）。实在无法忍受时，在冰天雪地我咬着牙跳到河中洗澡，一下子轰动全村。整个公社都知道我敢冬天下河游泳。春节前房东全家参加亲戚婚礼，我是外人不便带我去，就破例给我烧了一锅粥。整整一年都是杂粮，从没吃过大米。这粥太香了，我吃了八大碗，一锅全吃完了。我再次轰动全村，都知道我吃得多。春节后生产队长找我商议："县城人吃不到糯米，主动用大米换糯小米。今年我们只种糯小米换大米吃，不种小米。你看行不行？"我一点思想准备都没有，想了想回答说："三年困难时期，我吃不饱，常上山挖野笋。我发现竹子越多的地方越找不到竹笋，反而是竹子少的地方有竹笋。原因是人们都去竹子多的地方挖竹笋，挖光了反而找不到竹笋。"队长想了想说："明白了。"第二年周围农村全种糯小米，根本换不到大米，只能天天吃糯小米，肚子受不了也没办法。只有我们生产队与往年一样，每天都有黄小米饭吃。周围农村都羡慕我们。

在那段动荡的岁月里，因母亲刚被组织决定任广西体委政治部主任（还没正式宣布）就被定为"走资派"。母亲又因1938年参加抗日救亡运动被捕入狱，又被打成叛徒。1968年至1972年母亲被迫接受劳改、批判和审查。军队领导一度要求父亲与母亲离婚并划清界限。当时父亲才52岁又是广西军区副司令员，如果离婚再找，漂亮女人太多，可是家庭就毁了。幸好父亲态度坚决，他表态说："目前关于郭梅的问题还没有定论。等到有党的定论后再说。"终于中共广西区党委"关于郭梅同志历史问题复查结论"出来了：经查与本人入伍时交代情况相符，被捕后未暴露党员身份……1944年整风时已交代清楚，因此恢复党籍，党龄从1938年7月算起。（注：整风时是由开国上将萧华亲自审查通过）母亲1972年平反后任广西民政劳动局副局长，1983年离休。母亲的例子充分说明，任何时候、任何情况下都要相信中国共产党。

我总结父亲的教导重要的是三条。有的前面已经有一些说明，我统一说一下：一是永远相信党。二是能走路能吃苦。三是不能只想顺利，不想困难。出现意外要有应对措施。第一条典型例子：母亲被批斗四年，父亲坚信共产党会正确处理母亲的冤假错案。终于等到母亲被平反的那一天，我们的家庭成为动乱时期的模范家庭。第二条能走能吃苦：这是我的亲身体验，我插队挑大粪三年，交了很多农民朋友，学到许多农村知识，为我后来的发展打下良好基础。第三条典型例子：电视机厂停产了。在最困难的关头，全厂职工选我任厂长。当时工厂财务科账上仅有 2000 元，能否转产其他产品？每月全厂职工工资 2 万多元，钱从哪里来？经过认真研究决定：先向银行借款数万元，发动全厂技术骨干努力开发新产品。此时深圳国际信托投资公司的一位经理主动找到我，向我介绍"手提发电机"（注：当时国内经常停电，确实需要）。他还向我推荐了一位港商，让我与港商签订进口数百台手提发电机合同。该笔货物进口后可以全部卖给他，他有钱只是没有外汇。我想工厂正缺钱，如果此事成功，一进一出工厂可净赚 40 多万元。工厂职工全年的工资就解决了。我联系好相关外汇来源后，分别与港商和深圳信托公司签订了相关合同。当时我很高兴，以为工厂缺钱的难关解决了。等到手提发电机报关进货时，深圳公司的经理立刻变脸，不仅拒不付货款，还要求中止购货合同。这时我才明白深圳经理与港商合谋诈骗。全厂职工知道新选的厂长被骗数百万元，人心大乱，工厂生产完全停顿。当天晚上我一夜没睡，想到了自杀，从楼上跳下去，什么都不管了！这时我首先想到父母，我当上厂长，父母刚为我高兴。我突然自杀，对父母打击太大！为了父母我绝不能死！又想到全厂职工相信我，才选我当厂长。我突然跳楼自杀，他们一定骂我害了他们。为了全厂职工我也不能死。最后还想到我的大儿子才六岁，小儿子一岁。我死了孩子怎么办？为了孩子我也不能死。天一亮，我立即召开全厂大会。首先如实向全厂职工介绍被骗的经过。然后要求全厂努力生产，自己不能乱。最后我向全厂职工保证：坚决与诈骗分子斗争到底，一定要取得最后胜利。工厂内部稳定了，我就全力去解决诈骗问题。经外贸专家提醒，按外贸常规，抓住港商发货时一个错别字，拒不付货款。你骗我，我也不能太老实。最后为外汇货款闹到南宁中级人民法院。最后结局大快人心！该港商不仅骗了我，还骗了福州军区后勤部，被列入全国通缉的诈骗犯。深圳那个经理被开除党籍、开除公职。此事我厂没受损失。我厂开发生产的高低压配电柜完全合格，新开发生产的卫星天线不仅红遍全广西，还是广西唯一的生产厂家。有了这次教训，我更牢记父亲的话：遇事不能光想顺利，万一出现意外，一定要有应对措施。

最后我想说的是，我的父亲母亲这辈子走过来都不容易，但是想想牺牲的烈士更不容易。我们和那些牺牲的战士比，怎么讲都是幸运的。比如我那参军一年就牺牲了的叔叔。就是说人要知足、感恩。什么时候都要这么想。知足才能心态平和。我们都要感恩这个社会、这个国家，因为有国才有家。有力量要多为国家的建设出力、做贡献，这样才是对牺牲烈士和革命先辈最好的纪念。

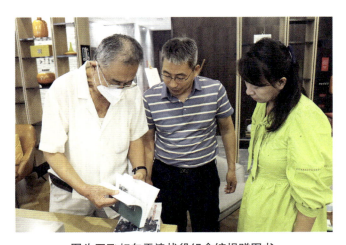

图为王飞虹向平津战役纪念馆捐赠图书

图为王飞虹（右二）同平津战役纪念馆口述史团队合影

质朴的农家子弟　忠诚的人民战士

◆ 韦建华口述　马楠整理

受 访 人：韦建华（韦祖珍之子）
身体状况：身体及精神状态良好
现 住 址：北京市朝阳区
采 访 人：王蔚、张一拓、马楠
采访时间：2023 年 10 月 26 日
采访地点：北京市朝阳区

韦祖珍
（1912—1982）

去采访那天，我们早早坐上开往北京的高铁，来到约好的地方，远远地就看到有人冲我们招手。初见韦老，觉得他精神头很足，走路生风，带我们前往采访地点时我们要走快一点才能赶得上他的步伐。为了这次采访，韦老特意准备了讲话稿，我们准备好采访设备后，他就给我们讲起了韦祖珍将军的戎马生涯。

壮乡赤子韦祖珍

我的父亲叫韦祖珍，曾用名韦仕，1912 年 8 月出生于三面环山、一面环水的广西东兰县二区北福乡（今广西壮族自治区东兰县隘洞镇）纳坤村板卜屯一户壮族贫苦农民家庭。1929 年参加中国工农红军，1932 年加入中国共产党。参加了土地革命、抗日战争、解放战争等。中华人民共和国成立后，历任兵团政治部主任、空军军政委、福州军区空军政委、广州军区政委兼广西军区第二政委。1955 年被授予少将军衔，荣获二级八一勋章、二级独立自由勋章、一级解放勋章。1982 年 10 月 11 日在南宁病逝。

我的祖父韦代仁是一个老实厚道的壮族农民，年复一年，一家人租种地主的几亩薄田勉强度日。韦代仁夫妇育有两男两女，父亲排行第四，6 岁起读私塾，三个月后即因家境贫寒不得不辍学。到他 7 岁时，家中人口增至 8 名，生活非常清苦。为了维持生计，祖父韦代仁与人合买了一条小木船，农闲季节到红水河上搞运输。在生活的重压之下，父亲从 7 岁起就在红水河畔和祖父一起撑船渡客，风里来雨里去，从不间歇。水上的生活让父亲经受了磨练，也长了不少见识，已尝到了世间的许多辛酸苦辣。

加入革命队伍

1926 年，共产党员韦拔群在广州农民运动讲习所参加学习后受命返回东兰家乡，在红水河两岸组织农民协会，建立农军，与地主恶霸、土豪劣绅、贪官污吏进行斗争，声势日益浩大。当时父亲 14 岁，受其熏陶和影响，心中充满了对韦拔群的仰慕和敬佩。

1928 年春，父亲的家乡板卜屯也开始组织农民协会和赤卫队，成立苏维埃政权。父亲 16 岁时和他的哥哥韦祖安一起报名参加了赤卫队。在革命风潮中，父亲跟随赤卫队参加了攻打地主民团的战斗。然而不久，东兰的革命力量受挫，红色区域遭到围攻，农民协会和赤卫队被打散。为了躲避当地封建地主武装的追杀，1928 年冬天，父亲被迫离家出走，到附近南丹县大厂镇的一个锡矿当了一名少年矿工，与成年矿工一样，终日挖矿、挑矿砂，在矿主的鞭打下过着牛马不如的生活。

1929年夏季，左、右江两岸革命风暴再起。8月，韦拔群领导右江第一路农军一部经过南丹，矿主望风而逃。父亲像见到了久别的亲人，非常高兴，立即扔下镐头、扁担，加入了这支由中国共产党领导的农民武装。

二十余年战火锤炼

父亲十几岁就投身革命，他勇敢作战，坚决执行命令，身先士卒，不怕艰难困苦，在烽火硝烟中铸就了对党的无限忠诚。

自1929年参加农民武装后，父亲一直随部队作战。1932年，在参加攻赣州、占崇义、打宜黄、围大庾、克黎川等一系列战役战斗时，父亲积极请战，参加主攻突击队，冲锋在前，战斗中臂、腿和臀部多处受伤，表现非常勇敢，很快从战士提升为班长、排长。

1933年1月，中央苏区第四次反"围剿"斗争开始。2月，在宜黄蛟湖战斗中，排长韦祖珍带领两个班掩护主力转移，任务完成后，被国民党军包围，与红军主力部队失去了联系，他毫不畏惧，带领这支不足30人的小分队，在敌占区昼伏夜出，巧妙与敌周旋七天七夜，终于突出重围，找到主力并全部安全归队，父亲机智勇敢的指挥受到连队和团里的表扬。

1933年夏，因政治可靠、信仰坚定，父亲被选送到红三军团保卫局接受短期训练，后分配到该局任侦查科员。三四个月后，父亲奉命到中华苏维埃共和国国家政治保卫局再次接受培训。结业后，父亲被任命为独立团特派员，直接受国家政治保卫局领导，负责对外防奸防特、对内纯洁部队等工作，挑起了全国政治保卫的重担。在不到一年的时间里，父亲从排长、连指导员升任团特派员，在战火考验和工作锻炼中迅速成长起来。

1934年9月，中央苏区第五次反"围剿"斗争失败，10月，中央红军被迫离开根据地。父亲那时 22 岁,与团长、政委一起带领独立团从江西于都出发,踏上艰苦卓绝的万里长征路。终于突破敌人的第四道封锁线,从湘南进入广西时,中央红军由出发时的 8 万多人锐减至 3 万余人。刚踏上家乡的土地,还来不及多望上一眼,父亲就带着深深的遗憾,由湖南通道转兵贵州。

1935 年 1 月,中央红军进占遵义,召开了扭转危机的遵义会议,会后,各个军团进行了缩编。此时,父亲由独立团调到红一军团教导营,仍担任特派员。缩编后的红军部队在毛泽东、朱德、周恩来的指挥下继续长征。进入雪山草地后,教导营为大部队打前站,父亲负责调查社情、民情、敌情。在战胜了无数艰难险阻后,红军终于在 1935 年 10 月到达陕甘边区。

1936 年 10 月,红军三大主力会师,举世震惊的两万五千里长征胜利结束。同年 11 月山城堡战役打响,正当战斗激烈时,父亲突然生病,高烧不退,无法随部队行动,只得送往后方医院救治,不幸被东北军扣押,关押期间他坚守秘密,绝不妥协,直到西安事变爆发,形成国共合作局面,才被释放回到部队。归队后经过严格审查,党组织完全信任他的赤胆忠心,把更重的担子交给了他。

1937 年 7 月 7 日,侵华日军悍然发动了卢沟桥事变,全面抗战由此爆发。8 月,中共中央军委发布命令,将中国工农红军改编为国民革命军第八路军,红一方面军编为八路军第一一五师,父亲担任该师保卫科副科长,8 月 22 日,随部队开赴山西抗日前线。9 月下旬,第一一五师挺进灵丘,抗击疯狂南进的日寇,并取得了八路军出师华北抗日前线的第一个大胜仗。

1938 年 2 月,父亲随第一一五师政治部和第三四三旅奔赴晋西南,开创以吕梁山脉为中心的抗日根据地,连续进行了午城、井沟和汾(阳)离(右)公路三战三捷等战斗。同年冬,第一一五师主力留下一个团与晋西南游击队合编为晋西支队,父亲从师政治部调任晋西支队保卫科科长,和支队同志们一起继续坚持在吕梁山区与日本侵略者进行殊死搏斗。

1939 年 5 月，晋西支队与山西新军部队相配合，在汾阳、灵石、汾西一带顽强抗击西进的日军，保卫了晋西南抗日根据地和陕甘宁边区的黄河河防。这一年秋天，由于在恶劣环境中连续作战，父亲患上疟疾，高烧不止，不停地打摆子，经请示八路军总政治部同意，获准自前线返回延安治疗。病情稍有好转后父亲就进入马列学院边学习边治病。在马列学院学习的三个月，使父亲对马克思列宁主义基本理论有了较为系统的认识，思想觉悟得到了很大提高，他认识到革命是为了劳苦大众翻身求解放。

1939 年冬，父亲被调到中共中央社会部主办的保卫工作训练班接受为期一年的培训。训练班设在延安附近一个偏僻的山沟里，管理极为严格，学院不得与外界有任何联系。训练班结束后，他被分配到八路军总政治部保卫（锄奸）部，担任一科（侦查）副科长。

1942 年，父亲进入中央党校第一部学习并参加了整风运动，这是他投身革命十余年来第一次有充裕的时间，处于相对安静的环境中，在党的最高学府里系统学习革命理论。他的文化基础差，学习中遇到很多困难，但他并没有

图为胸佩红军十周年纪念章的
八路军第一一五师保卫科副科长
韦祖珍

畏惧、退缩，而是用刻苦钻研、勤学好问来弥补。经过几年的努力学习，他的文化程度和理论水平都有了很大提高。他回顾党的历史，结合自己参加革命的亲身经历，认真总结经验教训，对中国革命发生过的"左"倾、右倾错误及其原因有了更全面的了解，对毛泽东思想的认识更加深刻，为日后进一步扛起革命重担奠定了坚实的基础。

日本投降后，辽阔的东北大地立刻成为国共争夺的焦点。长期在敌后坚持抗战的八路军、新四军从西北、华北、中原等地汇集向东北快速挺进。父亲率领

的南下第三支队第二团也于 1945 年 10 月赶到辽宁锦州，向冀热辽军区报到。11 月，根据东北民主联军的指示，冀中军区第八分区第三十一团、陕甘宁边区教导第二旅第一团和冀热辽军区特务团，在热河省（现辽宁省）朝阳县组建为冀热辽军区第二十七旅，丁盛任旅长，韦祖珍任政治委员，下辖第三十一团、七十团和七十一团。从开辟热东辽西根据地，参加辽沈、平津、衡宝等战役，直到解放广西，他们二人亲密合作，齐心协力，带出了一支英雄部队，取得了辉煌战绩，也结下了深厚的战友情谊。

　　1946 年初，一次战斗结束后，父亲清理战利品时发现了一架德国徕卡牌 135 型照相机，出于政治工作者的敏感，他迅速意识到手中这架相机正是开展思想工作的有力武器，立刻对相机产生了浓厚的兴趣。苦孩子出身的父亲既不懂照相机的原理和结构，也看不懂上面的符号，于是便利用作战间隙向懂技术的战友请教，自己记下要点，认真领会，只要有机会就去学拍照，经过不断求教和学习实践，逐渐掌握了要领，并开始发挥相机的作用。他用这架相机记录下战友们生龙活虎的训练场景，行军中的威武队列，生活中的深厚情谊，拍下根据地热火朝天的生产景象和孩子们玩耍的快乐时光。部队开会时，他也会尽量从不同角度多照一些，留作珍贵资料。他非常珍惜这架相机和亲手拍摄的底片，不管走到哪里都随身携带着，随着战争的进展和工作岗位的变动，他走了大半个中国，但始终完好无损地保管着相机和底片，为部队留下了十分珍贵的图片资料。

　　1947 年 5 月夏季攻势后，从根本上改变了东北战场的敌我态势，我军由战略防御转为战略进攻。为适应形势发展和大规模作战的需要，东北民主联军挑选了一些素质高、战斗力强的地方部队升格为野战军。8 月 1 日，独立第十八旅在辽宁省凌源县升级为野战军，番号改为东北民主联军第八纵队第二十四师，师长丁盛、政治委员韦祖珍，下辖第七十、七十一、七十二团，成为野战部队序列中一支朝气蓬勃的新生劲旅。

　　1948 年 3 月，第二十四师根据第八纵队指示，在八面城地区进行了为期半年的政治和军事整训。父亲领导全师进行了以诉苦运动为中心的政治整训,大大提高了指战员的阶级觉悟和战斗意志,接着又与丁盛师长一起带领部队转入军事训练,掀起大练兵热潮,苦练城市攻坚战战术,为战略决战的大兵团作战打下了坚实基础。在城市攻坚战中,炮兵的作用日显重要,父亲常深入师山炮营,开展思想政治工作,同时也不忘用相机记录下炮兵训练的情景。

1948年9月,为加速解放战争的进程,中共中央决定实行战略决战,由东北民主联军改名的东北人民解放军发起辽沈战役。9月12日,第二十四师由丁盛师长和父亲率领从八面城出发向锦州开进,赶到北宁线中段的北镇地区,连续参加了葛文店、薛家屯、大紫荆山、东大梁、西南梁等战斗,并与兄弟部队配合,切断了锦州与义县之间国民党军的联系,完成对锦州的包围。

1948年10月14日,东北野战军参谋长刘亚楼下达对锦州开始总攻的命令,各突击队发起冲击,第二十四师从东向西对锦州城发起攻击,先后攻下敌重兵把守的车站大楼、赤城街(现铁西街)、东大梁等要点,俘虏国民党军锦州副总指挥兼第九十三军中将军长盛家兴。在攻打锦州的激烈战斗中,父亲始终和担任突击的前锋部队在一起,指挥作战的同时,用相机拍下战友们冲锋陷阵时的情景。10月20日,辽沈战役进入第二阶段,东北人民解放军司令员发布命令:东野主力立即转入辽西会战。丁盛和父亲率第二十四师在第八纵队编成内东渡东凌河,迅速投入辽西会战。第二十四师迅速投入辽西会战。11月2日,沈阳全城解放。第二十四师于11月4日进至辽宁海城地区休整。根据1948年11月1日中央军委发布的《关于统一全军组织及部队番号的规定》,东北人民解放军第八纵队第二十四师在辽宁省海城县改番号为中国人民解放军第四十五军第一三五师,丁盛、韦祖珍继续担任师长、政委,所属第七十、七十一、七十二团分别改称第四○三、四○四、四○五团。

辽沈战役结束后,中央军委命令东北野战军迅速结束休整,提前入关,会同华北军区部队发起平津战役。1948年11月18日,第四十五军一三五师接到上级关于入关作战的命令，经过短暂准备，于 11 月 24 日由辽宁海城出发南下，12 月 16 日到达天津宝坻，后受领了包围天津国民党守军的任务。因天津守敌拒绝接受和平改编，人民解放军于 1949 年 1 月 14 日对天津发起总攻，一三五师在天津攻坚战中担任突破民权门的主攻任务。民权门位于天津城东北面，守敌在城墙上构筑了层层交叠的火力点，城墙外挖有宽阔水深的护城河，防御前沿设有 4 道铁丝网和电网、鹿砦、绊脚索，以及大小地堡 200 多个，被称为"天津之标准工事"，守敌企图倚仗易守难攻的地形，死守到底。总攻前，父亲来到担任突击队任务的四〇三团一营一连作战前动员，并将一面写着"杀开民权门"的锦旗授予连长。攻打天津的战斗打响，父亲紧跟进攻部队到前线组织指挥，身先士卒，这对于鼓舞士气、保证战斗胜利起到了很重要的作用。四〇三团一连在民权门突破口与敌人展开激烈厮杀并牢牢守住突破口，先后 5 次打退数倍于我的敌人的反扑，最终把"杀开民权门"的红旗插上了民权门的城头，这时旗面上已是血迹斑斑、弹痕累累。全连官兵就像一把锋利"钢刀"，用生命为先头部队入城歼敌杀开了一条血路。战后，第四十五军授予该连"钢刀连"荣誉称号，第一三五师受到了四野首长的通令表彰。

在解放战争战略追击阶段的衡宝战役中，因行军时关闭了电台，当插到衡宝公路以南的邵东县灵官殿地区，打开电台与军部联系时，丁盛师长和父亲才知道四野总部已下令所有部队在衡宝公路以北暂停待命，第一三五师已经孤军深入敌军纵深，此举打乱了白崇禧的部署，也为我军创造了难得的歼敌机会。在四野总部直接指挥下，丁盛师长和父亲率领第一三五师顽强防御，抗击敌军轮番冲击，继而转守为攻，切断敌人退路，最后抓住战机全线出击，歼灭国民党军一个军部、一个师部带两个团，为整个战役胜利起到了关键性作用。

图为韦祖珍（左）和丁盛（右）身着 50 式新军服合影

经过二十余年战火锤炼，父亲从一名战士一步一步成长为军队高级干部，1952 年起开始担任空四军政委。虽然职位更高了，责任更重了，但他继续以一名普通士兵的姿态为祖国站岗放哨，不曾有丝毫懈怠。他和高厚良军长带领空四军广大官兵，时刻保持高度警惕，枕戈待旦，快速出击，多年来取得击落击伤敌机多架的战果，用对祖国的忠诚构筑起保卫大上海的坚固空中防线。

1959 年父亲调任空五军政委后，他仍像战争年代一样，保持着深入前沿亲临一线的优良传统。他走遍了空五军防区的每一个角落，足迹遍布所有机场、高炮阵地、雷达站、仓库和前沿观通站等基层单位。1964 年他的工作再次变动，担任了空军工程学院政委。但不论父亲的工作岗位如何改变，他愿意为党和人民奉献一切的心从未改变。

他对革命忠心耿耿，对党无限忠诚，无论是在战争年代还是在和平时期，都坚定不移地执行党的路线、方针、政策，执行上级命令；他对同志诚恳、直爽，善于团结周围的人，调动大家战斗和工作的积极性，虚心听取别人意见，平易近人；他对自己要求严格，艰苦朴素、以身作则，衣、食、住、行上始终保持着工农干部的本色，从不搞特殊化。

父亲是人民的儿子，在革命军队的行列中成长。历经长期枪林弹雨的考验，祖国授予他亮闪闪的将星，把三枚沉甸甸的勋章挂在他胸前，这是人民对他的忠诚和功绩的肯定和褒奖，但他从不因此居功骄傲，只是倍感责任重大，反复告诫自己：时刻听从召唤，永葆老兵本色。

图为《广西日报》刊发文章《怀念韦祖珍同志》

我心中的父亲

在我们儿女的心中，父亲的一生可以用两句话概括：质朴的农家子弟、忠诚的普通一兵。

父亲生于山清水秀的壮乡东兰，除了小时候读过三个月的私塾，就一直在家乡的土地上拾柴、放牛、撑船、干农活，还当过小矿工。祖父母的言传身教使他懂得做人要勤劳朴实，家乡的淳朴民风熏陶着他，在他幼小的心中留下深深的烙印，使他终身对土地怀有难以割舍的情愫，一辈子保持着农家子弟质朴、正直、勤俭的本色。

父亲平时工作很忙，跟我们鲜有交流，但他会言传身教，他对土地有着天生的情愫，也在潜移默化中培养着我们的劳动意识。20世纪60年代初期，我们家住在杭州，父亲看到住房四周有不少空地，如获至宝，就请人买来农具，带着我和哥哥起早贪黑地抽空开荒，我们挑来泥土，拢土成田，找来种子，种下各种瓜果蔬菜、花生、芝麻和地瓜等农作物，还让我们兄弟俩到附近生产队挑粪给菜地施肥。田地里不仅有菜，父亲还撒种插秧，种了一片水稻，眼见得辛勤的劳动换来土地的丰厚回报，他的脸上洋溢的是丰收农民的灿烂笑容。家里种出来的农作物不仅够一家人食用，还会常常分给邻居，在那个物资匮乏的年代，这些食物尤其珍贵。

不管走到哪里，生活条件发生什么变化，父亲依然那么勤快，只要有时间，他总喜欢自己动手。在家里他会抽空动手洗自己的衣服、擦地、炒菜。当亲手种的蔬菜能收获时，辣椒炒苦瓜就是他的保留节目，他一定要亲自掌勺，大火快炒，香气四溢，并且吃得津津有味。

当有机会和农民兄弟一起劳动和生活时，似乎唤醒了他深埋于心底的农家子弟意识。1958年他全身心地投入建设北京十三陵水库的义务劳动，和民工一起抬筐、挑土。1965年他带队参加陕西阎良的"社教"运动，他给自己起化名叫"阎民"，住在老乡家里，和老乡同吃同劳动，除了穿着一身旧军装有些不同，其他就跟真正的老农毫无两样。他和老乡们心心相印，水乳交融，几个月下来建立了深厚的感情，临走时依依惜别，难舍难分。

父亲这个人在工作中有很好的习惯和作风，就是深入基层，联系群众，实事求是，坚持原则，这是他一贯的做法。不论到哪里去，到任何一个单位，他总要到一线去取得一手资料来指导自己的工作。在生活中他公私分明，与妻子、儿女关系亲密，但对家属要求十分严格，他的专车从不允许家属子女沾光。记得有一年我哥寒假结束准备回学校时，正好遇到风雪天，又是凌晨发车，道路十分难行，母亲想让父亲派车送一下，但父亲一口回绝了，穿上外套，顶着风雪，自己把我哥送到了火车站。平常接送孩子上学也从不用公车，都是步行接送，孩子生病就雇个三轮车去医院，从未因私人原因用过公车。

他总是这样教导我们，做人要有脊梁骨，要有志气、有骨气，任何情况下都不要屈服，要有自己坚定的信念，这是做人的根本。教育我们要艰苦朴素，有感恩的心，要知道回报，对任何人的滴水之恩都要涌泉相报。

父亲一生俭朴，两袖清风，没有给子女留下什么财物，但他用自己的一生给我们作出了榜样，留下了无比珍贵的精神财富，这是我们做人的丰碑、行路的指南，时间越长，感受越深，使我们终身受益。

父亲从未利用职权为我们子女谋取任何私利，在他的教育和影响下，我们几个兄弟姐妹从小学习洗衣补袜，生活自理。逐渐长大了走向社会，我们自力更生，好好学习，好好工作，踏踏实实做人，兢兢业业做事，在各自不同的岗位上勤奋努力，为人民为社会尽力作贡献。

图为韦建华老先生与平津战役纪念馆采访人员合影

满门革命赤子　辉煌永留青史

◆ 李洋口述　武思成整理

受 访 人：李洋（李中权之子）
身体状况：身体及精神状态良好
现 住 址：北京市朝阳区
采 访 人：沈岩、时昆、王蔚、武思成
采访时间：2019 年 4 月 11 日
采访地点：天津市南开区

李中权
（1915—2014）

　　李中权，中国人民解放军高级将领。1915 年 12 月 24 日生于四川达县碑牌河场千口岭。1928 年参加反帝大同盟，并加入中国共产主义青年团。初中毕业后，参加中国工农红军川东游击队。1933 年加入中国共产党。参加了川陕苏区反"三路围攻"和反"六路围攻"。1935 年随红四方面军主力长征。先后任红四方面军政治部地方工作部部长、中共天全县委书记、金川独立第二师政治委员。1936 年到达陕北后，进入抗日红军大学学习。抗日战争爆发后，任抗日军政大学政治教员。1938 年 12 月任抗大第二分校一大队政治委员，率队作为分校先遣队，向晋察冀边区挺进。1944 年任冀热辽军区政治部主任。在 1945 年大反攻作战中，所属部队率先出关，挺进东北收复被占土地。抗日战争胜利后，任冀东军区政治部主任。1947 年起任东北民主联军第九纵队副政治委员兼政治部主任、东北野战军第九纵队政治委员。参加了东北秋、冬季攻势作战。辽沈战役中，率部由锦州城南突破，俘国民党军东北"剿总"副总司令范汉杰和第六兵团司令官卢浚泉。平津战役中，任第四野战军十二兵团四十六军政治委员。参加湘赣、衡宝战役后，兼任衡阳市军事管制委员会主任和湖南党政军委员会书记。1951年起任中国人民解放军空军第三军政治委员、华北军区空军参谋长、北京军区空军副司令员。1955年被授予空军少将军衔。1959年入中国人民解放军高等军事学院基本系学习。1962年毕业后，任北京军区空军副司令员、南京军区空军第一副司令员。1979年至1983年任南京军区空军第二政治委员。1955年获二级八一勋章、一级独立自由勋章、一级解放勋章。1988年获一级红星功勋荣誉章。

解放战争中，在共产党领导下，解放区分田分地，实行民主自治、土地改革，让人民感受到新的生活即将来临。1948年，辽沈战役结束之后，东北野战军挥师南下，开启了波澜壮阔的平津战役。平津战役作为三大战役的收官之战，具有极其重要的历史意义与现实意义。

2019年是平津战役胜利70周年，就在昨天，为了向那些为天津解放作出贡献的革命先烈们致敬，四野后代联谊会成员和华北野战军后代共613人在平津战役纪念馆召开了纪念平津战役胜利大会。不忘初心、牢记使命。在新时期，作为革命后代，我们一定要教育好自己的子女，听党话，跟党走，不忘记革命先辈流血牺牲，无私奉献，甚至为中国人民的解放事业献出宝贵生命。

在平津战役之中，有很多烈士牺牲时都很年轻，有的没有子女，甚至尚未婚配。我们作为革命后代，就是他们的子女，我们开展一系列的纪念活动，就是要让他们在九泉之下感觉到我们没有忘记他们，我们的党、我们的人民军队没有忘记他们。特别是作为红色二代，我们的父辈都经历过平津战役、天津战役，或指挥于后方，或战斗于前线，我们更有必要去重温这一段历史，在新中国成立70周年之际，我们的纪念活动也是对祖国的一份献礼。我们的父辈多已仙逝，但他们的革命精神，我们将一代又一代地传承下去。

父亲的革命生涯

　　我父亲作为一名老红军，1928 年参加革命，1932 年参加红军。我的爷爷、奶奶都是老红军。父亲一家九口人参加革命，五口人牺牲在长征路上。父亲生于四川达县碑牌河场曾家湾。我的爷爷名叫李惠荣，与奶奶靠种地谋生，是地地道道的贫农。父亲行三，大哥李中泮，二哥李中池，还有两个弟弟李中柏、李中衡，两个妹妹李中珍、李秋来。一年的收成还不够九口人吃三个月，为了解决生计问题，我的爷爷还有我的大伯、二伯就需要去山上背盐，以供剩余九个月的开销。我父亲从小就担负起照顾弟弟妹妹的责任，为他们烧水做饭。

　　父亲从小好学，当在镇上看到那些地主家的孩子们背着书包去学堂时，我父亲十分羡慕，期望也能去学校里识文断字、学习知识。但是由于爷爷奶奶是农村人，考虑到现实生计问题，没有能力供我父亲上学。父亲求知若渴，只能到庙里去拜观音，祈求可以到学校学知识。求神拜佛并未灵验。我的爷爷奶奶一方面被父亲求学的精神打动，另一方面在我的家乡有一个习俗，就是不管家庭多么贫穷，父母都要想方设法让自己家中最聪明的孩子去念书，识文断字，希望能做不被欺负的体面人。这样我父亲就上了私塾，开始接受启蒙教育。在私塾，我父亲每次考试都是第一名，这令父亲有了进一步学习的愿望。但受家中经济状况限制，没有条件供父亲读高小。

　　父亲求学心切，就从家中拿走几个铜板，偷偷跑到百里以外的镇上去上学。到了镇上才知道学费不够，只能再返回家中。父亲的"离家出走"令爷爷奶奶担惊受怕，父亲回来后将前因后果一一道来，爷爷奶奶更加坚定了供父亲读书的决心。乡亲听闻此事，纷纷前来援助，终于凑够了父亲的学费，父亲终于有机会在达县第五高小读书。高小学习期间，父亲从旧式私塾那种沉疴中解放出来，接触到了许多新鲜事物，特别是时值 1927 年大革命失败不久，不少参与大革命的知识分子返回家乡，继续传播革命真理。当时父亲在学校学习了"公民课"，授课老师就是后来我军的高级将领、担任过国务院副总理的张爱萍[1]将军。在张爱萍的教育引导下，父亲接受了革命启蒙。1928年，父亲参加了中国共产主义青年团，走上了革命的道路。在高小求学时，父亲因为每学期每门功课都是全校第一，所以被免除了学费，这不但缓解了家中的经济压力，而且令父亲有了升学的机会。

1930年，父亲在县城会考中取得了第一名的成绩，顺利被达县中学录取，不但县长送上一些奖励，父亲回到家中还受到了乡里乡亲的热情迎接。左邻右舍纷纷敲锣打鼓，像是迎接状元一样。由于得到了乡亲们的赞助与家中支持，父亲又顺利在达县中学开始了新的求学征程。在中学期间，父亲的革命觉悟迅速提高，特别是日本帝国主义公然发动九一八事变，大大激发了父亲的爱国热情，他积极动员同学参加抗日大游行，并组织了罢课活动。父亲初中毕业后，毅然选择了革命道路。就在父亲暑假返回家中之时，见到了时任川东游击队的负责人王维舟[2]同志，王维舟同志正式把父亲吸纳进游击队，从此父亲开始了自己的革命征程。

---

[1]　张爱萍（1910—2003），四川达县人。1925年在达县中学读书时积极参加学生运动和农民运动。1928年加入中国共产党。1930年底奉命到中央苏区从事共青团工作。参加过多次反"围剿"斗争。长征中率部参加夺占娄山关、攻克遵义城、坚守老鸦山等战斗。抗日战争时期，历任第三师副师长兼苏北军区副司令员、第四师师长兼淮北军区司令员。解放战争时期，任华中军区副司令员，后因伤赴苏联治疗。1949年回国后参加渡江战役，并奉命组建华东人民海军，任华东军区海军司令员兼政治委员。新中国成立后，曾担任国防部部长、国务委员、国务院副总理等职，为我国战略导弹力量和航天事业的建立与发展做出重要贡献。1955年被授予上将军衔。

[2]　王维舟（1887—1970），四川东乡人。早年曾参加辛亥革命和护国、护法战争。1920年加入朝鲜共产党上海支部，不久到苏联学习。1927年加入中国共产党。土地革命战争时期，任中共川东特委军事部长，红三十三军军长。曾参加长征。抗日战争时期，任八路军第三八五旅旅长兼政治委员。解放战争时期，任中共四川省委副书记、西北军区副司令员等职。新中国成立后，任中共中央西南局常委、全国人大常委、中共第八届中央委员。

父亲首先在蒲家场红军游击队第一大队任政委，其后又随游击队被编入红四方面军红三十三军第九十八师第二九四团任团政委。其间，除了完成组织上的工作外，父亲还将亲戚朋友都带领到革命道路上。1934年，随着革命形势的发展，父亲被调入川陕省委巡视团工作，在此期间，父亲得知爷爷为掩护一位通讯员而牺牲的事情。得知爷爷惨遭屠戮，大伯也蒙冤被害，父亲十分难过。这时革命形势蒸蒸日上，红四方面军发展到八万余人，川陕苏区下辖二十多座县城，成为当时全国第二大苏区。后父亲随部队开始长征，途中父亲又一次与奶奶和姑姑相遇，得知二伯也已经牺牲在长征路上，但由于行军紧急，未团聚太长时间就又母子分别。

1936年，父亲被任命为大金川独立师政委，在少数民族组成的部队中开展政治工作。之后他又被派到红军大学学习。在红军长征期间，父亲三过草地，经历了不少艰苦磨难，之后跟随红军大部队北上甘肃、陕西，到达了陕北根据地。父亲在延安抗大做学员时，聆听了毛主席、朱总司令、张闻天等同志讲授的课程。在延安，父亲也和参与长征的两个弟弟、一个妹妹相聚，得知母亲与另一个妹妹已去世，他悲伤不已。

经过延安抗大的学习，父亲被分配到抗大做教习工作。之后由于革命需要，他随部队前往敌后开办抗大分校，在抗大二分校一大队任政治委员，主要是在河北灵寿陈庄一带，为晋察冀军区培养干部。父亲经过在抗大前后六年的学习、工作，不但树立了坚定的政治方向、艰苦奋斗的工作作风，掌握了灵活机动的战略战术，同时也为熟悉冀东、冀热辽地区情况准备了条件，为之后领军作战打下了基础。1942年到1945年，父亲主要在冀东地区从事抗日活动，任军区政治部主任，多次开展整军工作，主张政工人员需要学会领兵打仗。

随着革命形势的发展，中国人民取得了抗日战争的伟大胜利，但蒋介石公然发动内战，妄图继续其反动统治，使得我国人民解放军必须肩负起解放全中国的任务。由于冀东军区地理位置重要，乃兵家必争之地，父亲从战略着眼开展了一系列战备工作。同时，父亲参与、指挥了山海关保卫战、承德保卫战、北宁路破袭战、香河保卫战等一系列战斗。1948年，战争形势突变，人民解放军进入全面反攻阶段，父亲担任东北民主联军第九纵队政治部主任，奉命出关继续与国民党军队作战。1948年9月至12月，经过毛主席的通盘考虑与周密部署，我军开展了辽沈战役，此役历时52天，歼敌47.2万人，完成了解放东北的伟大使命，为全中国的解放创造了条件。

父亲作为九纵政治部主任（后任政委），参与了辽沈战役全过程。为纪念辽沈战役，父亲还曾作词一首："天高云淡，首举空前战。席卷沙场兵百万，要把乾坤扭转。锦州打狗关门，敌人大部俘擒。东野精兵百万，旌旗首指平津。"父亲将参与、指挥过辽沈战役作为一生的光荣，晚年还多次回忆当时的战斗经历，如回忆营口作战，父亲作诗"千里追营口，万顽覆辽南"。

辽沈战役胜利结束，出于对战争形势的考虑，东野奉命迅速入关，把握战机，结束休整，开展平津战役。我父亲与詹才芳司令率领九纵从冷口秘密入关，包围津、塘，阻止敌人从海上逃跑。但是经过实地考察与战略分析，认为应该缓攻两沽，改打天津。经刘亚楼参谋长上报中央军委，毛主席认同策略转变，于是部队转头调往天津。

天津地势复杂，守备森严，国民党守军拒不投降，我军不得不攻城。父亲所率四十六军负责从天津南线突破，首先攻克了据城垣一公里的灰堆据点，俘敌3200余人，接着打开城南突破口，攻入尖山子，胜利与其他纵队会师耀华中学。天津迅速被攻克，致使北京被迫接受改编，平津战役以大胜告终。

经过短暂整训，父亲又率军南下，参加解放南方各地的战役，如衡宝战役，并指导了湘南、湘西等地的剿匪工作。在湘南工作时，父亲担任湘南党政军委员会书记、衡阳军管会主任等职务，兢兢业业，努力工作。一年后，父亲转战广东，保卫粤东并经营地方事务，主要从事清匪反霸、减租退压、整顿基层、建设证券等工作。1951年底，父亲受命调离四十六军，调至空军工作，从此开始了空军生涯。

我的个人成长历程

我出生在北京，生活在北京，学习在北京，工作在北京。今年快 62 岁了，是我们家的老六，四川话讲叫幺儿。高中毕业之后，我于 1975 年参加了上山下乡运动，去北京通县郎府乡耿楼村插队，利用自己的双手，不在城里吃闲饭，接受贫下中农再教育。在农村的广阔天地，我学习到了很多在城市中学不到的知识，比如农作物知识、庄稼怎么种、老百姓怎么生活，按现在的说法叫接地气了。插队期间，我们跟老百姓打成一片，真诚地去交朋友，去学习，这让我们这些生长在新社会、生活在蜜罐中的革命后代，体会到了农民生活的艰辛，认识到要珍惜粮食、勤俭节约，并和这些非常朴实、忠厚、热情的乡亲们结下深厚友谊，至今仍有联系。

图为李中权之子李洋采访间隙拍摄照片

四十年弹指一挥间，想起当时在农村得到了那些大爷大婶的照顾，对我一生都大有裨益。农村插队一年之后，我报名参军，当时 18 岁。经过体检、政审，我到东海舰队某潜艇基地报到，成了一名海军战士，驻扎在浙江宁波的舟山基地。回想起当时的军营生活，作为一名军人，那时候脑海里就是保家卫国，刻苦训练，提高自己的军事素质、政治素养、国防意识。我父亲是一位老红军，我从军也是接过父亲的枪，作为一种传承，努力做一名新时代的革命军人。

"润物细无声"的家风

从部队转业后，我先后在公安部等部门就职。退休后，任职于中共党史人物研究会井冈红军人物研究会、川陕革命根据地历史研究会等机构，致力于弘扬红色精神、传承红色基因。我们之所以在人生道路上平稳前行，并且对红色文化、红色精神有很深厚的感情，我想与父亲对我们的家庭教育密不可分。

图为李中权将军一家三代合影

因为怕麻烦孩子，父亲与母亲一直独住干休所。父亲爱运动，喜欢打网球、下棋，也爱学习，经常看书读报，性格豪放阔达。父亲十分疼爱孩子，我记得在我们小时候，父亲经常带着我们去散步游玩。我们参加工作后，有时我们需要早起赶路，父亲虽然不会做饭，但总是在我们出门前将早点买回来备好。当我们出差时，我们的孩子多由父亲接送照顾，寒暑假也是如此。

父亲出身贫寒，所以我们的家庭一直保持着勤俭朴素的生活习惯。从小父亲就教导我们要节约，不能浪费。比如说，吃饭的时候不能掉米粒，告诫我们这是农民辛苦种出来的，掉到桌子上的米粒一定会让我们捡起来吃掉。现在我也这样教育自己的子女，让他们养成节约粮食的习惯，把这种勤俭节约的家风传承下去。我记忆犹新的是小时候，每个月父亲都组织我们全家吃一次"忆苦饭"，包括吃一种难以下咽的菜团子。父亲就是用这种直观的教育方式培养我们勤俭节约的好习惯。

逢年过节时，父亲都会招呼我们一起吃顿团圆饭。每逢重大节日，父亲总会在餐前讲话，这已经是几十年的惯例。讲话的内容会随着时节的变化而变化，如国庆节、劳动节等节日他讲话的侧重点都有不同。由于过去长期在部队从事政治工作，父亲在家庭会议中经常给我们讲一些革命传统、革命道理，让我们把红色精神传承下去。除了给我们讲他过去的故事，从他的人生经验中去学习、体悟之外，父亲还经常给我们讲一些人生道理，告诉我们要坦荡做人、明白做事。

另外，父亲待人友善，没有架子。他总是告诫我们，一定要尊重家中的警卫员、保姆等工作人员。因为我们也是底层劳苦人民出身。父亲晚年因气管炎住院，不能进食，但他还是叮嘱我们一定不能空手探望。父亲为什么这么说呢？因为即便他自己不吃，也会把我们带去的一些水果、食物分给照顾他的工作人员吃。还有一年劳动节，父亲是在医院度过的，父亲就对照顾他的工作人员说，不劳动者不得食，我现在不能劳动了，还要你们照顾我，我感谢你们，谢谢你们的辛苦劳动。

作为军人，父亲对待子女总是赏罚分明。当我们犯错时，他总是立刻予以纠正，但他从未动手打过孩子。当我们表现好的时候，父亲也会公开表扬。父亲给我们留下的印象是严慈相济，但随着年龄的增长，我们更能体会到父亲慈爱的一面。刚毅木讷近乎仁，父亲对我们的爱大都间接体现出来，如细雨般给予我们滋润与呵护。我记得 2007 年 7 月份，父亲就给我们每一个子女都提了一副字，写着"牢记八荣八耻，真正做一名合格的红色后代"，署名是"父老红军李中权、母老八路詹真辉"。父亲通过这种无言的行动来教育我们，让我们时刻牢记自己的身份与肩负的责任。

父亲一生经历诸多磨难，但在困难面前总表现得十分坚强。父亲经常跟我们说一句话："当你遇到困难的时候就想想爸爸。"这句话深深刻在我的脑海里，每当我们不顺心的时候，就想起父亲的这句话，再想想父亲一生的磨砺与拼搏，想起父亲面对人生艰难困苦的豁达态度，我们便觉得什么困难也能克服。父亲从小参加革命，经过枪林弹雨，九死一生，多次负伤，他的那种坚强的品格一直激励着我们。我们从小耳濡目染，看到父亲就获得了一种力量。在"文革"的逆境中，父亲从来没有一句怨言，也没有和我们说过他遭受的磨难。父亲总是教育我们，一定要相信党，相信毛主席，他在骨子里是一名坚定的共产党员。

父亲有很深的故土情结，时常告诫我们说，如果当初没有乡亲们的帮助，他是不能走出山村，有所成就的。新中国成立后，父亲经常定期或不定期为家乡捐款捐物，也动员我们这些子女为家乡的助学、修路贡献自己的力量。他时常说：不能因为年纪大了，离家远了，淡漠对家乡的感情；随着年龄的增长，我对家乡故土，就越发留恋、想念。父亲时常教育我们，不论我们生在哪里，住在何方，都不要忘记来时路，我们的老家在四川，我们的根在碑庙。父亲要求我们这些后辈要关心、支持家乡发展，经常回去看看，为家乡的发展做一些有意义的工作。

我退休后任职于川陕革命根据地历史研究会等机构，除了对红色文化有感情外，也是牢记父亲对我们的嘱托，用实际行动践行父亲对我们的教育。2011年，在中国共产党成立 90 周年前夕，父亲一次性将积攒的 20 万元工资捐给了党组织。父亲讲道，他的父亲在红军时期被杀害了，他的母亲在长征路上因疾病去世，从那时起他便是孤儿了，党就是他的母亲，作为党的儿子，将自己的工资交给母亲，既是感恩，也是尽孝。2013年，四川雅安发生7级地震，因为父亲八十年前在雅安天全县担任第一任县委书记，当父亲得知地震发生时，心如刀绞，感同身受，将10万元积蓄捐给雅安灾区，用微薄的力量来支援灾区救灾重建工作。当雅安市收到父亲的善款后，《雅安日报》刊登头版头条，号召雅安市全市150万市民向老书记李中权学习。为支持家乡达州的建设发展，父亲还为达州捐款16万余元，用于家乡教育与兴学修路等事业。

父亲将自己毕生积蓄捐给党组织和支援家乡建设，未给我们子女留下一分钱。我记得在父亲百岁以前，他感到自己行将就木，就把我们这些子女叫到身边说，我留给你们的只有精神。他将自己保存的四枚由国家颁发的纪念章留给我们四个儿子，分别是红军时期的八一勋章、抗日战争时期的一级独立勋章、解放战争时期的一级解放勋章和1988年授予他的红星一级勋章。我父亲对我们说，这些勋章是他用生命和鲜血换来的，所以就不准备再捐献出去了，他要留给孩子们，让我们继承老一辈无产阶级革命家的革命精神，并发扬光大，让我们永远记住革命的胜利来之不易，要珍惜今天的幸福生活。父亲让我们想他的时候，就看看这些勋章，以此激励我们为党为国贡献自己的力量。父亲留给我的这枚勋章我珍藏起来，当我想念父亲的时候，就取出来看看，睹物思人，不胜唏嘘，但心中又注满前行的力量。

父亲的墓志铭

父亲于2014年8月4日因病去世。父母生前感情甚笃，母亲先于父亲四年去世。当我们从母亲病房中出来，父亲一眼便知母亲已经去世，起身默哀。父亲对我们说，以后你们就没有妈妈了，但是你们还有爸爸。此后一到过年过节，父亲便自己出钱请我们子女吃一顿饭。父亲十分喜欢和子女儿孙团聚，但在母亲去世之前，父亲总叮嘱我们要忙自己的事业，不用去看望他。母亲过世后，父亲说他感觉自己的时间也不多了，要求我们每周六都要去陪他待一会，如果谁不去，必须请假，不请假他就会不高兴。

母亲去世后，父亲的身体每况愈下，最后已经不能吃饭，只能靠鼻饲，但父亲从未卧床不起。因为年岁大了，父亲腿脚不太好，走路往往需要拄拐或有人搀扶，即使这样，每次我们去看望他离开的时候，他一定要警卫员搀扶着他把我们送到电梯门口，跟我们告别，因为父亲知道每见我们一次就少一次。这个场景我们兄妹终身难忘。

父亲在母亲去世后怅然若失，多次嘱咐我们，百年之后要与母亲合葬，并且为自己提前撰写了墓志铭。父亲安葬在北京八达岭陵园，长眠于长城脚下。父亲的墓碑面对长城，墓志铭为"我远望着山上的烽火台，若硝烟再起，我将从这里出发，再次奔赴战场"。墓碑顶部是父亲年轻时的威武形象，俊朗刚毅的面庞让人对父亲历尽硝烟炮火的一生肃然起敬。父亲永远是一个战士，如果硝烟再起，他的魂也一定会参战。父亲的墓志铭也表现出一名军人的责任与生命的归宿，就是保家卫国，驰骋战场。附碑上是父亲与母亲的合影，他们相濡以沫六十多年，现在又相伴于长城烽火台下。

中央军委、总政治部在父亲去世时对他的评价是革命的一生、战斗的一生、光荣的一生，他将一生的积蓄全部捐给了祖国，是我们共产党人学习的楷模。

在父亲生前撰写的回忆录《李中权征程记》一书上，有中央军委副主席迟浩田上将的题字，"满门革命赤子，辉煌永留青史"。这是对我父亲一家参加革命最高的褒奖。许多老首长、将军、开国元勋看到我父亲的回忆录后分别题字，包括开国上将王平、副总参谋长武修权、冀东军区司令员李运昌、中共中央政治局常委李德生、空军司令员张廷发、国务院副总理张爱萍、开国上将杨成武、开国上将洪学智、国防部部长秦基伟、国防部部长耿飙、人大常委会副委员长廖汉生等。

图为李中权将军与爱妻詹真辉之墓

我父亲在参加红军之前就是初中毕业，在红军里算是知识分子了。解放战争中，他作为四十六军政委，对平津战役的兵力部署、战略意图、攻击方向等都很了解。当时刘亚楼作为天津战役的总指挥，我父亲是攻打天津南线的总指挥，他们都是平津战役、天津战役的亲历者。在他的回忆录付梓前，交给总政治部、军事科学院等部门审查把关，所以书里关于战役的时间、地点、消灭敌人数量、我军伤亡情况等都是准确且符合实际的。这本书也可以说是了解平津战役、天津战役的一本教科书。在攻打天津的时候，我父亲在天津南线突破口由南向北进攻。2002年，天津市人民政府在南线突破口立了一个纪念碑，这是四十六军成立几十年来征战南北、白山黑水、死伤无数，唯一树碑纪念的，这也充分说明了天津市政府与天津人民对我们四十六军的深厚感情。

附记

李洋，1957年8月17日出生，汉族，中共党员。北京大学本科毕业，法律系专业，政工师。1975年至1976年在北京市通州区郎府乡耿楼村插队。1976年至

1979 年应征入伍，在海军东海舰队穿山潜艇基地。1979 年至 1995 年在南京军区空军通信团。1995 年至 1997 年任职于公安部边防总局。1997 年至 2007 年在北京市安全局工作。2017 年 8 月退休。现任川陕革命根据地历史研究会会长，全国红军小学建设工程理事会常务理事。

图为李洋（右二）、李云娜（左三）、巩志兴（右一）
与平津战役纪念馆工作人员合影

战场上的"吴疯子"

◆ 吴樱花口述　马楠整理

受 访 人：吴樱花（吴荣正之女）

身体状况：身体及精神状态良好

现 住 址：北京市朝阳区

采 访 人：时昆、王蔚、张一拓、马楠

采访时间：2023 年 7 月 12 日

采访地点：平津战役纪念馆图书资料室

吴荣正
（1916—1973）

　　我的父亲叫吴荣正，四川省通江县人，12 岁就外出帮人推船打鱼，挣钱帮助家庭维持生计。深重的阶级剥削压迫、山区和江河上的劳动生活使他从少年时期就养成了不怕艰难险阻的坚强性格和勇于克服困难的品质。

图为开国少将吴荣正之女吴樱花

父亲1932年参加红军，1933年加入共青团，1934年加入中国共产党。土地革命战争时期，历任红四方面军四军十师二十八团排长、连长，九军二十五师七十五团副营长、第七十三团代营长。参加了川陕苏区反三路围攻、反六路围攻，嘉陵江、绥崇丹懋、天芦名雅邛、百丈、山城堡等战役、战斗，并参加了长征。抗日战争时期，任八路军一二九师三八五旅七六九团营长、新编第四旅七七一团副团长。参加了响堂铺、白晋路破击战、百团大战、正太路破击战等战役、战斗。解放战争时期，历任东北民主联军六纵十七师五十一团团长，第四野战军四十三军一二七师参谋长、四十八军一四三师副师长、师长。参加了东北防御作战、三下江南、围长春、平津、渡江、赣南粤北剿匪等战役、战斗。中华人民共和国成立后任中国人民志愿军炮兵二十一师师长，昆明军区炮兵司令员，贵州省军区副司令员。1955年被授予少将军衔，荣获二级八一勋章、二级独立自由勋章、二级解放勋章。获朝鲜民主主义人民共和国二级自由独立勋章。

战场上的"吴疯子"

父亲在战场上打起仗来是比较凶的，战友们都说父亲打仗不要命，人称"吴疯子"，母亲也常说父亲打仗非常拼命。遇到必须与敌人白刃格斗的情况，他总是带头冲上去拼刺刀，就算负伤只要还能动就绝不下火线。

1932年，在风起云涌的革命大潮及当地中共党组织的影响下，父亲在家乡组织起数百人的赤卫队，向封建剥削势力奋起武装抗争。12月，红四方面军转战至川北地区，建立了川陕苏区，即通、南、巴红色革命根据地，16岁时率领他组织的赤卫队正式编入红四方面军。

土地革命战争时期，父亲先后任红四方面军第四军十师排长、连长，在红五连时，他以骁勇善战著称。1933年4月，他受命带领全班到挨山边为全连接防打前站，途中与敌人遭遇，他带头冲上去与敌白刃格斗，负伤仍不下火线，并指挥全班快速展开，抢占有利地形，顶住了敌人一个连的进攻，坚持到全连赶到。伤愈后，父亲升任排长。此后，他参加了五龙台的战斗。当时，敌人以 500 人的敢死队突围，同五连展开血战。父亲用长矛接连刺倒两个敌人，自己也被敌人刺中，鲜血染红了半边裤子，但仍坚持拼刺，直到营主力部队赶到把敌人打败。同年 11 月，敌人对川陕根据地发起"六路围攻"，万源铁关垭阵地遇到敌人四个团的猛攻，父亲被任命为五连连长，他率领五连攻上铁关垭，与敌戕至徒手搏斗，拿下了铁关垭。接着，二十八团攻击向飞龙寨受阻，飞龙寨有敌一个营凭险固守，我方数次攻击均未得手，父亲避开敌人防御重心，从另一个方向的悬崖石缝攀登上去，用手榴弹、鬼头刀杀入敌群，在四连正面攻击的协同下，将敌全歼，完成了对敌张罗汉师的包围，五连因战功卓著，被红四方面军授予"模范连"称号。

父亲先后升任红九军副营长、代营长，参加了著名的百丈恶战。面对优势兵力和装备的敌人，充分展示出他英勇顽强、机动灵活、敢于近战肉搏、善于发挥我军夜战突袭的作战指挥风采，参战将士们忘死拼搏，双方均伤亡惨重，父亲也在战斗后期负重伤。

在红军翻越雪山时，身负重伤的父亲在极度严寒下失去了生命体征，正当同行的红军战士含泪挖坑，准备将他掩埋时，傅钟主任的警卫员经过，发现他的眼珠在慢慢地转动，忙喊："他还活着！他还活着！"并立即向傅钟主任汇报。傅钟主任下令："快把他挖出来。"通过抢救，他终于从死亡线上挣扎回来。1936 年 4 月，父亲伤未痊愈就奉命到红军大学，一面继续休养，一面参加学习，毕业后，奉令回红四军十师。

抗日战争时期，父亲被调到三八五旅七六九团任营长，转战太行，先后参加了 30 多次战斗，都出色完成了任务，并数次负伤。在老爷岭战役中，战斗极其残酷。当时，由于增援部队未能赶到，父亲所在部队弹尽粮绝，他也身负重伤，眼看敌人已冲上阵地，他忍着剧痛，率队与日寇展开肉搏战，在与敌人一对一的较量中，身材魁梧的他显出了绝对优势，赤手空拳结束了三名日寇的性命。在他与第四个日寇近身格斗时，受伤痛影响，不得不与敌人展开了长时间殊死搏斗，此时他的体力已全部耗尽，他使出全身力气，将敌人摁倒在地，张开大口将日寇的喉管咬断。凭着英勇顽强的精神，他率领的部队取得了这场战斗的胜利。

解放战争时期，父亲受军委指令，1946年4月带领新编第四旅和教导旅数百人的队伍挺进东北，参加开辟东北根据地的重任。在东北，他参加了数十次战斗。1947年2月，在著名的三下江南战役城子街攻坚战中，我军将国民党的王牌主力新一军三十师的一个加强团共4000多人包围于城子街地区，从拂晓一直打到中午，还有部分敌人未被歼灭，上级指示要五十一团完成歼灭战，父亲亲临第一线指挥，发起连续进攻，最终将敌人全歼。战后，民主联军总部对父亲给予表扬，称他"指挥决心硬，部队打得好，打得坚决顽强"，并号召全军学习。在这次战斗中他负了重伤，右臂左腿全被炸成骨折，加之处在零下40（摄氏）度的严寒中，以致休克不醒。所幸东野总卫生部孙部长亲自关怀，组织十几名同志由火线抢运到哈尔滨卫戍区总医院，召集多名专家医生，全力进行紧急抢救，才挽救了生命。经过治疗痊愈后，他坚决要求留在野战部队。父亲也曾参加平津战役，在1949年升任第四野战军四十八军一四三师师长。

从东北一直打到江南。父亲率部在挺进粤北的战斗中，拖着伤病的身体，冒着30多（摄氏）度的酷暑，一昼夜急行军130里，以迅雷不及掩耳之势，包围翁源县龙仙镇，全歼守敌一个团，俘敌团长以下1700多人，并迅速同东江游击纵队会师，为我军解放广州创造了条件。此后，一四三师奉命于赣南剿匪，赣南地区山大地险，匪情严重，有土匪数万人，父亲深入查明匪情，周密部署合围，并将军事进剿、政治瓦解和发动群众相结合，部队既进剿合围，又兼起工作队任务，发动群众，建党建政，做到剿一片、净一片。对漏网匪首，他组织小分队穷追不舍，逐个抓回。因此，不到一年就将当地土匪肃清，共捕捉匪首500多人，歼灭土匪2万多人，受到中南军区和广东、江西军区表扬。

图为时任六纵十七师五十一团团长吴荣正（左一）与张兴民政委合影

抗美援朝战争时期，奉中央军委命令，1950年11月，父亲率一四三师由广东北上，到达辽宁阜新集结，并任炮兵第二训练基地司令员，负责改装和训练，后改编为火箭炮第二十一师，父亲任火箭炮第二十一师师长。在师干部及机关不健全、懂炮兵技术的干部少、改编训练任务紧、技术手册及训练大纲均系外文、翻译力量不足等情况下，经各级干部、战士共同努力，夜以继日抓紧一切时间努力训练，两个月内完成组训和考核，1951年4月，火箭炮第二十一师入朝作战。

回国后，父亲任昆明军区炮兵司令员，1961年任贵州省军区副司令员。在和平时期，他仍然保持着战争年代的作风，在主管贵州省国防工业建设时，不顾伤残多病，翻山越岭，亲临现场勘察，选点安排，经常深入基层，发现问题并及时解决。当时，施工部队生活极为困难，劳动极为繁重，浮肿病患者越来越多，他心急如焚，多方筹措给予支援。同时，发动部队生产自救，对机关和连队的生产生活提出具体要求，并经常检查。每当发现有不关心战士生活、不重视生产者，他总是严厉批评，一直督促到改正为止。不论做什么工作，他总是不辞辛劳，深入一线亲力亲为，为推进和完成落实大三线重大国防战略建设贡献了全部力量。

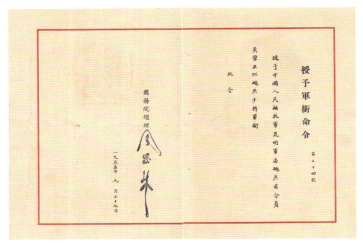

图为周恩来授予吴荣正昆明军区炮兵司令员的命令

1973年10月7日，父亲因病在北京逝世，终年57岁。同年，解放军总政治部、民政部授予其革命烈士称号。

图为1983年民政部授予吴荣正的革命烈士证明书

父亲的影响

在多年战斗生涯中，父亲身上大大小小的伤有很多，有几次受伤非常严重，因伤病较多，所以去世比较早，父亲去世那年我只有 10 岁。在我的记忆中，父亲性格有些急躁，脾气也不是很好，但他很喜欢孩子，对孩子很和蔼，对大院里的孩子都特别好。他一直很忙，根本就没有时间陪伴我们姐妹几个，搞三线建设时，经常是几个月不回家，但对我们的要求是很严格的。在家里，我们都是自己的事情自己做，每个人都分配有任务。家里虽然有警卫员和炊事员，但家里所有人都是碗筷自己洗、卫生自己打扫。虽然那时我很小，但也有任务，我的任务是扫院子。姐姐们的任务是擦地、擦桌子、洗碗、洗妹妹衣服等。

长大后我穿上了军装，因为当兵一直是我的梦想。1979 年，我应征入伍到自卫反击战补训团。为此，姐姐还问母亲，为什么都要打仗了，还要把妹妹送到前线，母亲只是说了一句："总要有人去的。"我们家里姐妹七人，除了五姐全都当过兵。大姐在抗美援越参战部队，二姐在抗美援老前线待了一年多，非常艰苦，六姐在自卫反击战时上过前线。

我们一家非常团结，有自己的家训，父亲立下的家训是团结、自强、勤劳、廉洁、爱国，一直以来我们都是按照家训去做的。我们的母亲现在 90 多岁，家里面请了保姆，但一直以来姐妹七人都会轮流回去陪伴母亲，我们家还被贵阳市评为文明家庭。在中国共产党成立一百周年时，母亲做了一个决定，将父亲1955 年授衔时的礼服和三枚勋章无偿捐赠给家乡川陕革命根据地红军烈士陵园王坪纪念馆，后又将父亲生前常用物一件将军常服和一套马褂子捐赠给了红四方面军总指挥部旧址纪念馆，母亲说这是一个不舍但正确的决定，纪念馆才是这些革命文物最好的归宿。

当时的家乡还是贫困县，我们想为当地打造红色教育基地，让家乡通过展室有一定的知名度，所以我们姐妹七人凑钱在家乡修了一座纪念碑，母亲用一生的积蓄在家乡的宅基地上复建了吴荣正将军故居旧址，里面有父亲的部分照片、常服和大衣，由村委会和家里的亲戚帮助管理，当地关工委将父亲家乡的故居认定为青少年爱国主义教育基地和红色家风教育基地。母亲和我们姐妹几人也希望通过这样的方式为家乡尽一份绵薄之力。

图为吴荣正故居旧址

附记

吴阿姨是特地从北京赶来接受我们采访的，因为阿姨听说我们馆推出了一个介绍炮兵的临时展览"共和国'战神'——人民炮兵光辉历程展"，想过来看一看。阿姨来到我们馆后就直接去展厅看展览了，她看得很认真，不时驻足仔细看图片下的说明，当看到父辈的照片时，眼里泛起泪花。

看完展览后，我们就开始了采访，吴阿姨人很和善，所以我们的采访就像听长辈给我们讲故事一样亲切、自然，我们也从阿姨的言谈话语中感受到了她对父亲的思念……

屡建奇功不声扬　低调家风代代传

◆ 赵保东口述　时昆整理

受 访 人：赵保东（赵章成之子）
身体状况：身体及精神状态良好
现 住 址：北京市海淀区
采 访 人：时昆、王蔚、张一拓、马楠
采访时间：2023 年 5 月
采访地点：平津战役纪念馆资料室

赵章成
（1905—1969）

　　2023 年 6 月，恰逢展览"共和国'战神'——人民炮兵光辉历程展"开幕一月有余，闻讯而来的炮兵后代络绎不绝。该展览是在全国革命类纪念馆中首次以炮兵这一单一兵种作为主题的军事类展览，同时此展还获得了国家文物局"弘扬社会主义核心价值观"展览的推介提名。"神炮手"赵章成的儿子赵保东也慕名来馆，重温父辈的征战历程，传承伟大炮兵精神。

　　当我们得知赵老来访后，大家都激动万分，一方面想让赵老从专业角度给我们展览提提意见，另一方面我们特别想多了解一些"神炮手"在家中是如何教育子女的。在陪同赵老参观的过程中，赵老给予展览高度评价，同时也提出家里还有照片可以发给我们留作资料。我们感谢之余也提出了采访他的想法，赵老欣然应允。

神炮手的"小技巧"

　　我的父亲是赵章成，1905 年出生，河南洛阳人，1931 年参加中国工农红军，同年加入中国共产党。历任红三军炮训队队长、红三军第九师炮兵连连长、红一军团炮兵营营长。1934 年父亲随中央红军参加长征，在强渡大渡河的战斗中，用仅有的三发炮弹命中三个目标，有力支援了十七勇士强渡大渡河，被军委首长誉为"红军神炮手"。抗日战争时期，任八路军炮兵团营长、第一二九师炮兵主任、陕甘宁晋绥联防军炮兵主任。在任一二九师炮兵主任时，父亲成功研发了 82 迫击炮平射装置，受到师长刘伯承、政委邓小平的通令嘉奖和中央军委电令推广。解放战争时期任晋冀鲁豫军区炮兵主任、炮兵旅旅长、第二野战军炮兵三师师长、特种兵纵队参谋长。新中国成立后，任西南军区炮兵副司令员、炮兵第三训练基地司令员、炮兵十四师师长。1954 年赴朝任中国人民志愿军炮兵指挥所司令员、志愿军炮兵第二司令员，荣获朝鲜二级自由独立勋章。回国后，任中国人民解放军炮兵副司令员。1955 年被授予少将军衔，荣获二级八一勋章、二级独立自由勋章、一级解放勋章。1969 年 11 月因心脏病突发在北京逝世。

图为赵保东接受采访

　　我叫赵保东，原军委炮兵副司令员赵章成的小儿子。1954 年 6 月生人，1969 年参军在三十八军一一二师炮团，1974 年加入中国共产党，1979 年复员。回到地方后在国企、民企、私企、外企都工作过。2014 年退休。

　　父亲的征战经历其实我小时候了解得反倒不是很多，家中三个男孩、三个女孩，我在男孩中排行最小，父亲去世又比较早，在我 15 岁时父亲就去世了。对父辈戎马生涯的追寻，大多是从我参军当上炮兵以后开始的。

　　那时候部队里经常能听到有关我父亲的传说。我父亲出生于农村，从小没上过学，不是科班出身，并且他大字不识几个，这在炮兵这种技术性要求颇高的兵种里实属罕见。其实所有关于"神炮手"的"神"都源自他的机智勇敢和勤奋刻苦，父亲完全是实践出真知的典型代表。所谓的"神"，真的是打出来的、干出来的。你们可能不了解，炮火打击的精准程度与很多因素有关，除了测算角度和距离，还包括测定发射药的温度、炮弹的重量、当时的风速风向、气压、炮筒角度等。

　　在当时的战场条件下，非专业出身的父亲是怎么完成的呢？这些都是我在当了炮兵之后才慢慢弄清楚的。

　　记得小时候总看父亲把发射药塞进腋下，当时也没多想，后来跟父亲聊天才知道，想射击准确，发射药的温度至关重要，也需对应达到一定温度。所以，塞进腋下就是让发射药保持在 36（摄氏）度左右，便于计算修正射角。还有行军时，他总是同一段路走过去再走回来，这是他在用自己的脚步验证目测距离的准确性。另外，他还喜欢在行军时扬沙土，通过沙尘飘落后偏移地点来测算风速和风向。总之，这些不为人知、仅靠身经百战不断摸索的"小技巧"都成为他日后称"神"的"超能力"。

神炮手的"超能力"

像你们展览中介绍的，红军时期在决定我军前途命运的关键战斗——强渡大渡河一战中，父亲跟随着红军来到了渡河边上，此时的红军已经是危在旦夕，原本十万人的队伍仅剩三万，弹药、补给等库存也所剩无几。渡河是一个天险，我们背后还有虎视眈眈的追兵，而前面这条渡河也成了拦住这三万队伍的拦路虎。父亲当时任红一方面军炮工营营长，接受了掩护部队强渡大渡河的任务，当时仅有四门迫击炮和三十一发炮弹，而且四门迫击炮并不是完好的，有的炮架底座在半路上损坏了，有的还没有瞄准装置。这就是当时两个炮兵连的全部家当，也成了掩护红军渡河的"重武器"和最后的希望。

如此境遇下，父亲接到了上级要其火力支援的命令。迫击炮是滑膛炮，里面没有膛线，只能依靠调整发射角度的方式来瞄准，再加上装备的残破，完成好掩护红军渡河这一任务，难度可想而知。

强渡大渡河开始了，随着红军的火力掩护，我父亲先后发射了二十八发炮弹，准确命中了敌人的火力点，压制了河对岸的敌人，掩护了十七勇士强渡。为了打退敌人的反击，我父亲带一门炮和仅剩的三发炮弹随第四船过河。红军指挥员向我父亲指示了三个目标：山上增援的敌人、竹林里负隅顽抗的敌人和村子里集结准备反冲锋的敌人。父亲不负众望，徒手扶住迫击炮炮管，连续开了三炮，三发炮弹精准命中目标，及时有效地配合十七勇士强渡大渡河。父亲后被授予"红军神炮手"的称号。

在百团大战中，为了把日军从碉堡里赶出来（因迫击炮不能打碉堡），父亲想办法，把迫击炮炮弹里的炸药倒出一部分，然后填满辣椒面，再装上引信，共制作了二十发这样的炮弹。为了提高射击效果，他不怕牺牲率炮兵连把阵地推进到距敌 150 米处，亲自瞄准试射。攻击开始后，浓烈的辛辣气味涌进敌人碉堡，日军以为我军投射毒气弹，纷纷弃堡出逃，逃出的鬼子全部让咱们八路军战士消灭了。

为了解决打碉堡缺少平射炮的困难，八路军总部的兵工厂开始生产步兵炮，请父亲到兵工厂做技术指导。1942年6月，经他建议对82迫击炮进行改制，在炮尾部增加了400毫米的尾管，采用拉火击发装置，并将底盘倾斜着地，使炮筒与地平线的倾角保持在5度以下，使82迫击炮既能曲射，又能平射，具有步兵炮的功能。此举受到当时师首长刘伯承、邓小平的通令嘉奖和中央军委电令推广。

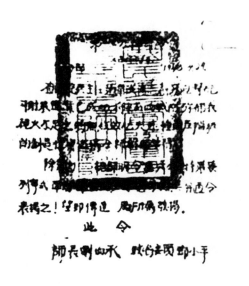

图为嘉奖令

20世纪60年代的"大比武"运动中，父亲又一次成为军内的新闻人物。他以炮兵副司令的身份，下到基层连队，与战士们同吃同住，言传身教，传授他炉火纯青的"神"技。

图为赵章成向战士传授打炮技巧

"长大后我就成了你"

父亲戎马一生，屡建奇功，却从不与我们儿女讲述。我所了解的，很多都源于他的战友和同事，甚至是书上说的。我两个哥哥一个残疾，一个已读大学，父亲就把子承父业、传承射击"神"技的愿望寄托在我身上。在我小时候，部队一有炮兵的训练、演习，父亲就带我参加，让我感受军人生活。虽然当时什么也不懂，但是心里也萌生了要当军人的信念，后来我也实现了父亲的愿望，不仅当了兵，还成了一名炮兵战士。正当我想努力学习，继承父业，接受父亲的真传，把父亲的射击精髓发扬光大的时候，没想到在我参军刚满八个月时父亲便因病去世了。

图为在水中教授炮兵战士如何无依托开炮的赵章成

印象中的父亲是严厉的，虽然不会开口训斥孩子，但是一个眼神或是一句询问，一定都是我们犯了错误才会看到的表情和听到的话语。父亲常说的话就是让我们低调，做任何事情都不要张扬，尤其是还没做的时候就大肆宣扬是坚决不允许的。更不要有干部子女的优越感，衣服该穿破的就穿破的，吃喝上更是不能搞特殊，有啥吃啥。对于别人提供的好处或是对子女的特殊对待，也一律不能接受。

所以，父亲去世后，母亲也教导我们不要再以干部子女的身份自居，过普通人的日子，别给别人添麻烦，更不能给国家添麻烦。至今，我家六个兄弟姐妹都很普通，也没有利用父亲的身份去搞经营、赚大钱，或获取权力、谋取私利。我们都像父亲一样不事声张、兢兢业业在自己平凡的岗位上默默付出。

为了完成父亲的遗志，我不断学习炮兵知识，虽然达不到父亲的水平和境界。但在 160 迫击炮射击这一重要技术领域里面我能当上瞄准手和炮班长，也算是接触到了当年父亲的技术领域。我多次获得军内瞄准手比赛第一名的好成绩，同时我个人装定改装加瞄准的速度也打破了 1964 年大比武的最高纪录。遗憾的是，所有这些，父亲都没有看到……

附记

采访结束了，赵老的眼中流露出遗憾。但是我想赵老的父亲在天有灵，一定会看到儿子辉煌的成就，也能感知孩子们充分继承了他低调做人做事的良好家风。这一点从赵老的衣着、谈吐，乃至拒绝我们晚餐的邀请，火速订票、火速回京的态度中，我们都感触颇深并深受感动。

一个多小时的采访，与其说是采访，倒不如说是一堂生动的党课，又像是一场炮兵技术的普及教学，我们间或打断不停询问，对操炮技能有了更加形象的认识，对火炮性能也有了更加生动、细致的了解，受益匪浅。

父母爱情　一生相伴

◆ 郭惠兵等口述　时昆整理

受 访 人：郭惠兵等（郭成柱子女）

身体状况：身体及精神状态良好

现 住 址：广东省广州市白云区

采 访 人：时昆、王蔚、张一拓、马楠

采访时间：2023 年 7 月

采访地点：广东省广州市白云区

郭成柱
（1912—1972）

2023 年 7 月，伴着炙热的气温，我们平津战役纪念馆口述史采访小组来到广州，辗转找到了郭成柱将军的儿子郭惠兵先生。此行本是想让郭先生从后代的视角帮我们回顾其父的戎马生涯，没想到他们一家和睦多彩的生活和父辈浪漫的爱情故事同样令我们回味。

当我们随郭先生一起步入他家小院时，南方特有的生机盎然扑面而来，各种叫不上名字的植物和低垂着果实的树木交相辉映，走到小院中心，我们又被层层绿色包裹着写有"春竹苑"的石墩吸引，黄石红字的搭配给这个静谧的小院平添了安静、祥和的氛围。

我们进屋开始寻找适宜的光线摆拍摄装备，郭先生的家人三两出入，安静地给我们递水、摆放水果，很是热情。一切准备妥后，我们开始了对郭先生的采访。

戎马一生 言传身教

我父亲叫郭成柱，又名郭春竹，你们刚刚看到院子里的石墩"春竹苑"，就是因父亲的名字而来。父亲是广州军区原副政委，1912年3月出生于龙岩市新罗区龙门镇湖洋村。1929年加入中国共产主义青年团，同年参加中国工农红军。1930年4月，担任红十二军连队文书、团统计员。1931年由团转入中国共产党。土地革命战争时期，历任红十二军第三十六师一〇八团团委秘书、红一军团政治部统计科科长等职。抗日战争时期，历任八路军一一五师三四三旅六八五团政治处组织股股长、新四军第三师七旅政治部主任、旅政治委员等职。解放战争时期，历任东北民主联军第六纵队十六师政治委员、第一纵队政治部副主任、东北野战军第五纵队政治部主任、第四野战军四十二军政治部主任等职。

1948年11月，东北民主联军改称中国人民解放军第四野战军。父亲所在第五纵队改为四十二军，他担任军政治部主任，参加了辽沈战役、平津战役。平津战役时他协助军领导指挥四十二军攻占丰台，封闭北平守敌南逃的大门，对傅作义的起义行动起了促进作用。

图为解放北平郊区重镇丰台时缴获国民党坦克106辆

图为 1949 年 1 月 31 日北平和平解放，四十二军炮兵部队进入永定门

其后，南进的先锋部队在河南新乡遇强敌顽抗，新乡城一时未能攻下。素以"攻坚"著称的四十二军后续部队到达后，父亲又配合军长指挥部队攻坚，仅以三天时间全歼守敌，解放新乡。随后，他率部从武汉沿长江西进，参加宜昌战役。攻取宜昌后，又入川与二野会师，完成解放大西南任务。1949 年底部队撤回东北齐齐哈尔休整，开荒搞生产。

新中国成立后，父亲任中国人民志愿军第四十二军副政治委员、政治委员。从朝鲜回国后历任中国人民解放军第四十二军政治委员、中南军区干部部副部长、广州军区干部部长、军区政治部副主任、军区副政治委员。1955 年被授予中国人民解放军少将军衔，荣获二级八一勋章、一级独立自由勋章、一级解放勋章。在抗美援朝中，荣获朝鲜民主主义人民共和国二级国旗勋章。1972 年 8月 9 日，在广州病逝。

因父亲去世比较早，他给我们的感觉就是做事认真，他给我们讲过，过去每一场战斗他都要找出他的问题，要总结，为下一场打好仗做铺垫和准备。父亲也经常教导我们要做老实人、办老实事，他从不给家里的孩子搞特权，我们兄弟姐妹八个基本都是 13 岁到 14 岁参军，要服从家里安排到最苦的地方去锻炼。哥哥最是艰苦，在部队养猪很多年。

革命伴侣 伉俪情深

图为郭成柱与妻子范子侠 1961 年在广州的合影

说起父亲就不得不说说我们的母亲，他俩在战争年代相识，30 多年来一直伉俪情深。我的母亲叫范子侠，1918 年 9 月出生，安徽人，1937 年 8 月参加了中国共产党领导的抗日工作团，活跃在皖东地区。1938 年 5 月母亲加入中国共产党。随着部队不断壮大，装备不断更新，旅、团二级都装备了现代化的通信工具——无线电台，并从全旅官兵中抽调四名优秀女兵到电台工作，母亲被抽调并担任队长职务。她们克服文化程度低等困难，努力学习，在短短几周时间内就掌握了技术，成了部队的"千里眼""顺风耳"。

1943 年，母亲被调到七旅政治部做宣传工作，主要是用电台收集信息，为领导提供资料。1945 年，母亲又随七旅进军东北，先后在东北野战军六纵、第四野战军四十二军工作，任家属队队长兼后方电台台长，参加了辽沈、平津、渡江战役。1950 年，四十二军作为第一批入朝部队，参加抗美援朝。母亲作为四十二军东北后方留守处家属队队长，以身作则，舍小家为大家，尽心尽力照顾好每一个随军家庭，保证了家属不拖前方将士的后腿，鼓舞士气、奋勇杀敌。1954 年母亲转业到铁路局工作，创办了铁路托儿所幼儿园，1958 年又被任命为广州铁路局人事处人事科科长。在这个岗位上，她不辞劳苦、任劳任怨，下基层，为基层职工解决两地分居、工资待遇等实际困难，使从旧社会转过来的铁路职工感受到了党的温暖和关怀。

采访间隙，郭惠兵先生的妹妹进屋给我们倒水。郭先生马上说道，这是我妹妹，你也坐下一起给平津馆的工作人员说说咱爸妈的事情吧。郭女士快人快语说道，你们要是去年来就好了，那时我们的妈妈还活着呢，我们几个孩子轮流和妈妈住，顺便照顾妈妈，我们的妈妈是家里的主心骨，从小就教育我们吃饭必须光盘，不能留剩菜；衣服穿坏穿旧，缝补好了可以继续穿；因父亲职务较高，尽管部队给我父亲配备了司机和汽车，但我们这些孩子一律不能坐，必须每天自己步行搭乘公交车上学……这些习惯一直影响着我们的一生。特别是在父亲去世后，母亲也坚决不给国家添麻烦，主动放弃了很多待遇。

不仅如此，从 1959 年到 1978 年，母亲还不间断地接济安徽农村地区的贫困儿童前来广州读书。所以我们家每半年会来一批读书的孩子，平时至少有两个，最多时有七到八个孩子轮流前来学习。

20 世纪 70 年代，部队还为我家配备了厨师，但是母亲为减轻军区供应站的物资紧张问题，也为了节省家庭开支，就联合身边的几位工作人员一起开垦家后面的荒地，买来各种蔬菜种苗，种上西红柿、青菜、生姜等自给自足。警卫员唐添泉至今都记得，1971 年，母亲将家里节省下来的第一笔开支不声不响地邮寄给了他的父母，只为及时医治唐添泉祖母的重病。

郭惠兵先生的妹妹边讲边拿出了一个珍贵的本子，眼里充满了温情，接着说，给你们看看我父亲给母亲的情书吧。情书情真意切，见证了伉俪情深的爱情。

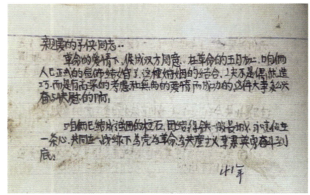

图为郭成柱给妻子范子侠的信件

亲爱的子侠同志：

　　革命的爱情下，促成双方同意，在革命的五月初二，咱俩人已正式的宣布结婚了，这种婚姻的结合，绝不是偶然造巧，而是有高深的考虑和无尚的爱情而成功的，这件大事多么兴奋与快慰的啊！

　　咱俩已结成强固的柱石，团结得铁一般长城、永远连在一条心，共同在一战线下为党、为革命、为共产主义事业英勇奋斗到底！

　　　　　　　　　　　　　　　　　　　　　　　41 年

在采访过程中，郭先生的家庭成员不断从楼梯上下来。大家你一言我一语，相互补充着父母言传身教的各种细节，看着家中宽大的沙发逐渐被郭先生的家人坐满，我们也非常感动，充分感受到了这个大家庭祥和融洽的氛围，这是我们口述史采访以来，受访人数最多的一次，也是最立体、最生动、全面的一次采访。

家庭和睦　其乐融融

图为郭惠兵一家人接受采访

刚下楼的郭惠兵先生的大姐回忆说，母亲把我们几个孩子当一个班级进行管理，每天吃饭的时候，大家就会在饭桌上开家庭会议，这个习惯从我们很小的时候就有，即便1972年父亲去世之后，母亲也依然坚持。家庭会议上，爸爸是班长，妈妈是副班长，我们都是战士。她会给大家进行革命传统教育，还会问大家在学校的学习和纪律情况，然后做出指示。

　　母亲虽然从不发脾气，但是对我们也是很严厉的，直到我们长大些，家庭会议上批评才少一些。我们的家庭会议一直开到了她九十多岁生病的时候，家庭会议的参与人员也从八位子女扩充到女婿们、媳妇们以及孙辈。她总是教育家里人要团结、和气、互相关爱。以前是学习上，让我们成立互帮互助小组，现在是生活上，母亲看到谁的衣服烂了依然在穿就提醒大家要互相关心。也正是如此，我们一家人也习惯了互帮互助。

　　现在老人家虽然不能再主持家庭会议了，但是她作为前辈终生奋斗的精神一直激励着我们。如今我们八个子女在父母留下的房子里一起生活，非常和睦，大家每天同吃住、共生活，由最小的妹妹和妹夫掌勺家里的饭菜，大家的退休生活都过得有声有色。相比父母辈，我们虽然没有什么成就，但也愿意把他们艰苦朴素的精神传承下去，让更多的人了解他们的事迹，感恩你们记得他们，感谢你们的采访。

图为郭成柱、范子侠全家福（摄于 1961 年春节）

图为 1972 年春节，郭成柱去世前最后一张全家福
〔摄于广州军区总医院〕

图为口述史采访人员与郭成柱将军子女的合影

华侨炮神

◆ 黄纪凯口述　王蔚整理

受 访 人：黄纪凯（黄登保之子）

身体状况：身体及精神状态良好

现 住 址：北京市

采 访 人：时昆、刘立坡、王蔚、张一拓

采访时间：2023 年 6 月

采访地点：平津战役纪念馆"共和国'战神'"展厅

黄登保
（1918—1988）

"如果你去看 70 多年前炮兵作战方案，那是非常细致、深入的，从作战目标、方位距离、射击诸元，全部都计算好、分配好……我和朋友讲，咱们今天的人如果能够秉承炮兵这种精神干事创业，就没有做不成的事。"

图为黄纪凯先生接受采访

采访黄纪凯先生是在平津战役纪念馆的"共和国'战神'"展厅。他看完整个展览后，深有感触，把他父亲——一位华侨炮神的事迹向我们娓娓道来。

少小离家　远赴海外

可以说，真正杀伤敌人百分之六七十以上有生力量靠的是炮兵。作战之前炮兵一系列的准备工作是非常细致的，具有相当严谨的逻辑性和科学性。

我的父亲叫黄登保，他一生都在炮兵部队工作。1918 年 1 月，我父亲出生在福建省厦门市禾山镇的一个华侨家庭，共有兄弟姐妹五人。我父亲在家排行老二，在他去菲律宾之前，在厦门全家老小的生活费主要是依靠海外资助，虽不富裕也还过得去。他七岁起在厦门禾山祥店社小学读书，毕业后入厦门鼓浪屿英华中学读书。我奶奶时常叮嘱他要好好读书，将来好做事赚钱养家。他也是谨记在心认真读书。

图为黄登保全家合影
（第一排左一为黄登保夫人陈竞莹，左二为黄登保）

由于我爷爷好赌，在我父亲年少时，我曾祖父经营积累的家产就已被我爷爷败得所剩不多。加之我奶奶对我爷爷十分不满，因此，我父亲去菲律宾不大可能是投奔我爷爷。我父亲回国参加抗战前工作的汽车公司系他伯父所有，与我爷爷无涉。1935年初中毕业后，由于家中经济困难，我父亲不得不离开家乡前往菲律宾投亲靠友。到了菲律宾后，我父亲侨居在菲中部维沙颜群岛的华侨聚居地之一龙马疙地市。受全球经济危机的影响，那时菲律宾华侨社会同样陷入经济困境。我父亲安顿下来后，被安排在当地一所学校继续完成学业。

心系祖国　回国参军

虽身在海外，但我父亲依然心系祖国。1937年卢沟桥事变震惊了世界。爱国华侨纷纷组织抗敌后援会、救亡会等各类爱国支援前线团体，积极开展抗日救国宣传活动，为祖国抗日募捐资金，为前线伤病员运送紧缺药物。在积极参加爱国救亡运动的同时，我父亲从进步报章中得知了陕北公学和抗大的消息，心生向往之情。他凑够路费，跟他伯父谎称回国上学，未遇阻拦就到另一城市怡朗，与志同道合者六人一同乘船到香港八路军办事处。经党组织接洽，再辗转武汉和西安两地八路军办事处，于1938年6月到达延安。

我父亲与来自缅甸、泰国、马来西亚、印度尼西亚、新加坡等国的华侨青年一起被安排在陕北公学学习。这段时间的学习让他的思想完成了从爱国主义到共产主义的过渡，人生目标更加明确，抗日决心和拯救民族的信心完全盖过了学习生活上的艰苦，更加坚定了抗日救亡的信念。1938年10月，我父亲加入中国共产党。经过三个月的培训学习，他顺利毕业，又申请去抗日军政大学学习。半年后毕业分配时，组织上为照顾回国参战的华侨们，将我父亲分配到后勤部队。但他不愿意，坚持要去战斗部队。最终，抗大分校何长工同志将他分到了刚成立不久的八路军总部炮兵团，由此开始了他的炮兵军旅生涯。

2023 年 7 月，我在大连友谊医院见到当年在延安炮兵团任教员的石岩老先生。他见到我就说，你爸爸是好干部，当时炮兵团的干部战士都说你爸爸是华侨工农化了。那时，你爸爸任连长，其他连长都是红军，就他是华侨，不简单啊！我们想想，在以工农为主体的革命队伍中，华侨工农化的评价，说明了我父亲已经完成了从一个华侨热血青年向八路军战士政治身份的转变。

1944 年，中央决定在炮兵团的基础上成立炮兵学校。新成立的炮兵学校在 1945 年 1 月正式开课。抗日战争结束后，我父亲与战友们奔赴东北，收缴了一大批日本关东军的大炮。正是依靠在炮兵学校的所学所得，他和一批党和部队培养出来的炮兵指挥人才顺利使用收缴来的大炮，并着手组建能打现代化战争的炮兵队伍。

身经百战　炮兵传奇

解放战争时期，我父亲随延安炮校进入东北，先后任炮兵团团长、炮兵师参谋长等职，多次直接指挥炮战。我父亲一辈子都在炮兵队伍，不光熟悉，更有感情，一说起炮兵业务上的事情，就非常投入。

我父亲作为一名炮兵，对战场形势的感知能力是他们这些老一辈革命者所特有的。1948 年 1 月初，我父亲率炮一团奉命参加围歼国民党新编第五军。战役之初，步兵正在分割包围敌军，步兵纵队指挥员命令炮兵在距主战地较远的八家子待命。我父亲根据步兵纵队指挥员的意图和战斗经验，命令一、三两个营在八家子待命，命二营在主战地附近隐蔽待命，人不离炮、马不卸鞍，随时准备投入战斗。当步兵纵队指挥员命炮一团配合主攻部队歼灭敌军时，二营及时占领有利地形投入战斗，对敌实施监视射击，有效阻止敌人逃跑，为全团投入战斗和全歼敌军争取了时间。在步兵战士们勇敢分割包围敌人时，他率领参谋人员到第二纵队第六师指挥所，及时了解前线战斗态势并实地察看地形地貌。1月6日晚间，他接到命令，要求炮兵团支援第五师，以便7日8时协作步兵歼灭闻家台之敌。接到命令后他率团开进战区，并在7日拂晓亲自前往炮兵阵地检查战前准备情况，纠正偏差。7日8时20分，所有大炮开始射击。9时40分时，200余名敌骑兵后紧随多路步兵在向西北方向突围时突然行进至炮兵团第二营当面200余米处，第二营抓住机会，迅速进行火力打击，敌人溃缩一团。7日14时，战斗胜利结束。此次战役的胜利就得益于我父亲的这种感知能力，积极主动到一线熟悉战况，不仅预见性强且指挥果断，保证了部队在仓促情况下迅速做出正确的战斗行动并取得胜利。平津战役期间，我父亲的炮一团配合一纵二师完成作战任务。我父亲在布置任务时讲：二师勇猛，敢打敢冲，我们炮兵要及时做好调整，做好配合工作。他奉命率部击毁大地堡群，扫清了地面部队前进的障碍。1949年，他担任第四野战军炮兵第二师参谋长，参加南下作战。

我父亲可以说是身经百战，也可以说是出生入死，但非常传奇的是，他没有负过一次伤。辽沈战役期间，1947年，他所在部队配合一纵二师攻打四平，在团政委等多人牺牲的情况下，他带领战士们坚守阵地，为后来的总攻创造了条件。在解放义县作战中，他们团观察所曾一度设在水塔上，我父亲正在炮队镜上观察，一颗子弹从观察口侧面墙壁反弹伤及站在器材边上的观察手。我父亲安然无恙。朝鲜战争时期，他早上出去遛弯，敌机过来轰炸，炸弹正好落在他的房子上。其他同志以为师长牺牲了，结果一会儿我父亲自己回来了。

"打仗我哪行啊，打仗得问你爸爸。"这是文击（开国少将、原总参炮兵部部长）对我父亲的评价。"打仗有两个勇敢的，一个是黄登保，另一个是徐昭。"这是战友们对我父亲的评价。我经常听到有关我父亲打仗机智勇敢的评价。我父亲机智勇敢，对炮兵还有一种特殊的感知力。他不仅遇事沉着冷静，其临危不乱、勇敢机智的品德也让战士们十分敬佩。

慈爱仁义　父辈楷模

　　我父母是 1949 年 10 月在河南许昌结婚的，当时家父是炮二师参谋长，母亲在炮二师卫生部疗养所任医生。母亲是 1946 年 8 月在黑龙江省洮南县入伍的。我父亲对家人要求很严格，不让家人给国家添麻烦。

　　2018 年 1 月 18 日，我开始了退休生活。由此，我每天去医院陪久病卧床的母亲，直到 3 月 22 日她老人家西去与已在天国的家父团聚。在随后的清理遗物和走亲访友中，我找到了 16 封信，是抗美援朝期间家父写给母亲的。家父是一个严守保密纪律的军人，工作上的事情我母亲并不知情，由于他从不跟我们讲他过往的任何事情，我母亲也从未提起过这些信，我们姐弟四人对这些信全然不知。这些信件让我们颇感意外、珍贵与些许的迷茫，文字中的点滴却反映了父亲为人正直、不给国家添麻烦的性格。

图为父母戎装照

信中有这样的描述："最后，若是母亲与妹妹来信请你给他回信并安慰她们但不要说我不在到那（应为'哪'字）去，若是她们来信说困难要我帮助她们解决，你可将信转交组织科帮助解决，我想会给解决，但若不是来信提出非帮助不可时不要提出，只要她们有稀饭吃能活着就行了。免得公家增加负担。""只要她们有稀饭吃能活着就行了"的话有些冷淡。对于这个说法，不能脱离那时的经济条件而以今天的眼光加以理解和评判。

另一封信摘录：

竟莹同志：

来信接到，你的一切情况还好，甚慰。对你惦记着以行军作战精神来克服当前困难，感觉高兴。希望你对当前问题更冷静些适当考虑来处理。我相信你会这样做，而且已经这样做，应当向你致谢，因为你当前在精神上和肉体上的痛苦，是和我相关连系（原文如此）的，当然我亦要负责，因现在正在执行党和上级的任务，也就不可能给你帮助和照顾。请你本着共产党员克服困难的精神来处理当前问题。

对你一些具体问题的意见，我认为，生孩子时若对你身体健康有害的问题，应慎重处理。因为这问题而需要用钱当然就可以用。以后咱们设法还给，保姆问题应设法积极找一个，超过标准以后咱们负责还（这点不会有什么问题），保姆除按标准外，若是产后身体确是不好，我想可以多雇一个时期。钱公家若不可能解决时（因有小孩人太多了）咱们自己负责还。你认为怎样？（我已经存了两个月津贴费了）

对产后的工作问题，我想组织上会关心的，你对工作不肯放弃的这种精神完全正确。但现在最好暂不考虑这问题，我对你工作应该关心的，请你放心。

我的近况：胃有时微痛但不要紧，足与耳朵已好了不要挂念，生活还不错和通化一样，还有房子住只是说话不懂，一月多还很习惯，天气还不太冷，我已发大衣，皮衣可以不要送来，李宾已到哈尔滨炮校修车，你若可以找到他，请叫他将我的胶鞋和洗脸肥皂牙膏送来，别的东西不要送来。

最后我觉得你来信中，有些不太高兴的表现，（不一定这样只是感觉）希望你把一切问题都放下，每天高兴过日子，这样对你身体健康有帮助的。

你若还有什么问题，盼速来信告知。

致

遥远的敬礼。

黄登保

十一月二十八日

于熙川

从字里行间可以看出父亲对母亲的关心，以及对组织纪律的严格遵守，能自己解决的绝不给组织添麻烦。他的这个品格也一直影响着我。我父亲曾荣获三级独立自由勋章、二级解放勋章以及独立功勋荣誉章。1988年，他因病去世。我父亲的一生，真正是战斗的一生。自菲律宾奔赴延安开始，他参加了抗日战争、解放战争、抗美援朝、中印边界反击战，就连1979年的中越边界反击战，他也算是参战人员。到了晚年，他还尽心尽力为侨服务。20世纪80年代中期，他曾率慰问团赴广西慰问被越南驱赶回国的难侨，时值冬日，他与全团人员上下齐心、不辞辛劳，所到之处反响热烈。在慰问中还发现了不为中央领导及主管部门所知的真实情况，回京后有关部门向中央领导系统反映了华侨农场及难侨安置存在的问题，得到党和国家领导同志的高度重视与关注，全国华侨农场改革的大幕也由此开启。可以说，他用热血与忠诚实现了自己的人生追求——为国家富强人民幸福而努力奋斗。

图为黄纪凯与炮兵后代一同参观"共和国'战神'——人民炮兵光辉历程展"

图为黄纪凯等炮兵后代与平津战役纪念馆工作人员合影

老一辈把红色的传承交给了我们

◆ 曾晓安口述　张一拓整理

受 访 人：曾晓安（曾克林之子）

身体状况：身体及精神状态良好

现 住 址：山东省青岛市市南区

采 访 人：刘佐亮、王蔚、张一拓

采访时间：2023 年 11 月 26 日

采访地点：山东省青岛市市南区

曾克林
（1913—2007）

　　曾克林，男，1929 年 10 月参加革命，1930 年 10 月参加中国工农红军，1931 年 2 月加入中国共产党。曾任团参谋长、冀东军分区参谋长兼团长、冀热辽军区第十六军分区司令员、东北人民自治军沈阳卫戍区司令员、第十六军分区副政治委员、东北民主联军辽东（南满）军区副司令员、第三纵队司令员、东北人民解放军东北军区辽南军区司令员、东北野战军第七纵队副司令员、第四野战军第四十四军副军长、中国人民解放军战车师师长、海军航空兵部副司令员兼航空兵第一师师长、海军航空兵部司令员，海军顾问。中国人民政治协商会议第五、第六届全国委员会委员，中国共产党第十二次全国代表大会代表。先后参加中央苏区历次反"围剿"作战和长征。参与创建冀东抗日根据地的斗争，率部解放山海关，首先进入东北、进抵沈阳，参加南满剿匪、辽阳、本溪保卫战、四保临江作战以及辽沈、平津战役，参与组织指挥解放一江山岛等战役战斗。他对党忠诚，英勇善战，顾全大局，为中华民族的独立和解放，为人民海军特别是海军航空兵发展壮大贡献了毕生精力。1955年被授予少将军衔。荣获二级八一勋章、一级独立自由勋章、一级解放勋章。1988年，被中央军委授予一级红星功勋荣誉章。2007年3月在北京病逝。

曾晓安（1946—　）男，1946年8月生于丹东，1965年8月考入解放军军事工程学院入伍，1965年12月入党。历任主要职务：1965年8月哈尔滨军事工程学院学员，1970年8月海军北海舰队教导团学员，1971年4月北海舰队航保修理厂技师，1977年11月海军沧口

图为曾晓安

场站场务连指导员，1980年7月海军航空兵独立第三团修理厂教导员，1981年1月海军团岛场站政委，1985年10月海军航空兵第二十团政委，1989年10月海军航空兵第五师政治部主任，1993年3月海军航空兵第五师政委，1995年12月海军北海舰队航空兵副政委，1997年7月海军北海舰队航空兵政委，2000年4月海军航空兵政治部副主任。1998年8月授海军少将军衔。

进军东北

我父亲曾克林1913年生于江西兴国，1929年参加红军。在抗日战争时期，父亲主要是在冀东一带打仗，后来他调到冀东十六军分区任司令员，他活动的地区成为八路军最靠近东北地区的游击区，因为卡住了日军通往华北的铁路，所以说对敌斗争是十分艰苦的。1945年9月父亲率领八路军第一支出关部队到东北以后，部队发展很快，他也被提拔得很快，先是沈阳卫戍区司令，然后成了

辽东军区的领导。

后来国民党军在东北地区大举进攻，林彪的主力部队就撤到了松花江以北去。当时仍然在辽东坚持战斗的部队里有两种意见：一种是跟着林彪往北撤，还有一种意见是留在辽东地区战斗拖住国民党军。父亲支持陈云、萧劲光留下继续战斗的意见，他被任命为三纵队司令员，在困难的条件下指挥部队与国民党军队战斗，其中，最重要的就是四保临江战役。

当时参加四保临江战役的有两支部队，其中有我父亲领导的三纵队，还有一支部队是四纵副司令员韩先楚带领的四纵一个师，就是说韩先楚带了四纵队的一个师和我父亲带领的三纵队两家打了四保临江战役。四保临江战役后，父亲调到辽南军区任司令员，三纵队司令员由韩先楚接任。父亲在辽南军区当司令员没有几个月，罗荣桓、刘亚楼找他谈话，说东北野战军马上要成立兵团了，准备让邓华任兵团司令，他走了以后你就在七纵担任司令，现在先任副司令员。父亲服从组织安排，到七纵队任副司令。辽沈战役结束，父亲随着部队入关，开始了下一段征程。

鏖战平津

辽沈战役结束后，七纵与其他部队一起，原计划是休整三个月，但没休整几天，便传来了党中央、毛主席下达的命令：乘胜追击，开赴华北，解放华北。此时华北的敌人基本被我军包围在北平、天津、塘沽、张家口、新保安这几个孤立地点，遵照中央军委指示，我军集中力量，寻求将敌人各个歼灭。

中央军委原计划先夺取塘沽，1948年12月中旬，七纵司令部收到了东北野战军转来的中央军委12月13日、18日的两份电报，要求东北野战军以三个纵队迅速插入天津、塘沽之间，歼灭天津、塘沽线上的敌人，并控制该线，切断津塘之敌，目的是控制住敌人的出海口。这时，七纵和二纵、九纵已经奉命完成了在塘沽地区的集结。后来，几个纵队首长到了塘沽前线视察情况，七纵的邓华和我父亲也到了塘沽勘察地形，同时派出少量部队进行试探性攻击。在这次进攻中，部队伤亡较大，如二十师一个团攻击敌海滩车站，歼敌七百多，自己也伤亡六百余人。因为塘沽地区是盐碱地，沟渠纵横、冬天不结冰，不能挖工事，所以我军很难接近敌人，而敌人的司令部和主力都在码头和军舰上，可进可退，你也抓不住他，所以我军很难完成包围歼灭塘沽敌人的任务。于是邓华司令和我父亲还有二、九纵的领导一起，根据实际情况向东野指挥部做了汇报。上级领导很重视下面部队反映的问题，第二天刘亚楼、萧华带着作战处长、参谋人员乘车到了七纵指挥部所在地——北塘，当面听取了邓华、吴富善和我父亲他们做的对塘沽敌情、地形和打塘沽得失利弊的分析，会后又一起到前线勘察地形，最后一致认为先打塘沽得不偿失。于是就有了12月29日林彪、罗荣桓电告中央军委，说明情况并建议我军改变先攻取塘沽的决定，建议先攻取天津。中央军委和毛主席批准了他们的建议，决定由五个纵队夺取天津。七纵根据上级领导指示进驻天津东南的军粮城一带准备战斗。

根据国民党守军的防御特点，东野指挥部决定采取东西对进、拦腰斩断、先南后北、"先吃肉后啃骨头"的作战方针。决定以一纵、二纵加野战军三分之二的参战炮兵及装甲战车二十辆，由天津西面小营门南北地区，由西向东攻击；七纵和八纵加配属东北野战军炮兵纵队两个团及战车十辆，由东北面的民权门、东面的民族门一线由东向西攻，最后会师于金汤桥、金钢桥一线。九纵由南边的尖山子一带突破，向北攻击，六纵十七师为总预备队。

1月14日上午10时，我军发动总攻。七纵的四个师从各个突破口与敌展开激战，各部队按照既定方针向前推进。到了15日凌晨2时，一、二纵和七、八纵两支主攻部队在金汤桥胜利会师。至此，国民党军防御体系被我军拦腰斩断，我军乘胜追击，于1月15日下午3时解放了天津。

学开飞机

父亲参加了北平解放的进城仪式后，林彪在北京饭店找他谈话，说现在解放军准备组建第一个战车师，就是坦克师，考虑派一个军级干部去担任师长，准备派你去。于是，父亲服从组织安排担任了我军第一支战车师的第一任师长，投入到千头万绪的组建工作中。过了半年时间，朱总司令又在中南海召见父亲，说咱们现在建国了，要组建空军，你到空军去吧。这次父亲又服从组织安排，从天津到了北京空军总部报到。那时刘亚楼是空军司令员，萧华是政委，空军党委决定在南京组建空军的第一支部队——混成四旅。这个旅有高炮、雷达、航空兵，航空兵里还有轰炸机和歼击机，所以叫混成旅。当时聂凤智是旅长，我父亲作为空军党委的党代表一直参与组建这支部队。到了1950年朝鲜战争爆发，混成四旅进行了扩编，其中航空兵扩编为三个师，父亲奉命带了一个师，从南京转场到丹东浪头机场，准备入朝作战。

这时，正在东北准备入朝部队检查工作的空军司令员刘亚楼说咱们空军所有的领导都来自陆军，谁也不太懂空军，不了解飞行是怎么回事，一个领导没有指挥权，就没有发言权，所以我们要调很多干部去学飞行，学飞机维修。没多久空军就调了一大批干部到航校学习飞行和飞机维护，其中还有派了两个军以上干部学习飞行，其中就有我父亲。到航校报到那年他已经38岁了，父亲文化程度不高，只读过两年私塾，如此文化水平、如此"高龄"还要学习飞行，放在今天是难以想象的。那时学习飞行的老红军除了我父亲，还有一位是段苏权，其他的都是年轻人学飞行。

他们学飞行是在哈尔滨一航校，父亲在那学了两年。父亲克服了文化水平低、年龄大的困难，通过自己一点一滴的努力，最后完成了领导交给他的任务，通过了苏联教官的考试放了单飞，拿到了合格证书。我小的时候在上海大场机场还看见过父亲开飞机,父亲驾驶的是苏联产的拉-9战斗机。我为父亲是咱们军队自己培养的唯一军级老红军飞行员而感到骄傲,父亲的这段经历是殊为难得的。遗憾的是与他一块学习飞行的老红军段苏权没有能放单飞。

到海军去

两年的航校学习结束后,正好海军组建航空兵,父亲又被调到海军任海军航空兵副司令兼航一师师长,他奉命到上海组建海军航空兵的第一支部队——航一师,我们全家也从北京搬到了上海虹桥机场。那个时候我军在大陆还没有制空权,国民党的飞机经常从浙江北上流窜到上海。当时我在上海上幼儿园,说不定什么时候防空警报就拉响了,幼儿园的阿姨马上把我们塞到钢琴底下或桌子底下,我们都知道是国民党的飞机来上海轰炸了。后来,随着我军空军和海军航空兵的发展,国民党的飞机从说来就来到后来上海没有了防空警报,国民党军飞机再也不敢轻易"走大路"了,我军终于夺回了浙东的制空权。当然,父亲在这期间指挥了多次空中作战。

我记得1954年这一年放寒假的时候,父亲带着我到了宁波机场,当时我只知道父亲出差是怕我在家捣乱才不把我留在上海的。刚到宁波时我除了吃就是玩,突然有一天机场一片寂静,无论招待所还是路上都看不见人,那么大一个干部食堂也没人吃饭,就我和照看我的警卫员两个人吃饭。我很奇怪,人都上哪儿去了?禁不住我闹腾,警卫员才告诉我说现在打仗了,没有人到食堂吃饭,都是食堂送饭。原来父亲到宁波是来参加解放一江山岛战役的。

一江山岛战役是迄今为止我军打的唯一一次三军联合作战。解放军过去和后来打的仗,要么是纯陆军一个军种打,要么顶多是两个军种协同作战,陆海空三军联合作战就只有这一次。那时我也跑到塔台找父亲,看见父亲在标图桌子那与几个领导在一起讨论着什么，父亲连看都不看我一眼，我一看气氛不对，就赶紧跑了。后来我知道解放一江山岛战役总指挥是张爱萍，空军指挥组的组长是聂凤智，副组长是我父亲。

一江山岛战役以后，父亲调回北京任海军航空兵常务副司令，我们家又搬回了北京，住在海军大院。那以后在我印象中父亲出差特别多，大部分时间他都在外地，这个时期想见到父亲很难。后来我知道他到外地出差的时间长了，准是去打国民党军飞机去了，因为父亲和部队官兵要琢磨国民党飞机的活动规律，摸透了规律再安排部队准备在哪儿打、怎么打。父亲出差时间短的，一般都是到各地看地形、安排建机场，或者是组建新的部队。那个时候我就对父亲有这些印象。总之，父亲是一个大忙人。

父亲对我的教育与影响

父亲对我们这一代的教育、影响是不可磨灭的，终身享用。首先我觉得他从来不溺爱我。虽然父亲是领导干部，家里的条件比较好，但是他对孩子从来都不溺爱。举个例子，我小时候不愿意去幼儿园，有一次在送孩子去幼儿园的美国中吉普车旁边我哭闹着不上车，父亲走过来把我甩上车，告诉司机开车。于是我就手扒着汽车后挡板佯装跳车，父亲知道我不敢松手，便指挥司机不停车继续开，父亲让我知道闹也没用，必须乖乖地去上幼儿园。

男孩儿小时候都淘气，拿着剪刀什么都剪，像桌布还有床单什么的，我忘乎所以拿着剪刀就剪。父亲回来后拿着鸡毛掸子或者拿着棍子打我，我身上都是一条条印子，再也不敢破坏家里的东西了。等我上了高中，只要父亲在家就逼着我干活，母亲说这是爸爸培养我劳动的习惯。比如说家里的客人走了，他就指挥我收拾沙发，告诉我怎么收拾，或者他先做个样子，我再学着做。家里的厕所马桶他都下手去擦干净，然后让我学他也去擦干净马桶。只要父亲在家里，几乎所有的活儿他都身先士卒带着我干，其实这些活儿原本都是勤务兵干的，但是父亲逼着我干。所以，现在我也养成了这个习惯，在家打扫房间卫生，在部队我检查工作，我都要跟父亲一样去看连队的厕所干不干净，如果厕所是干净的，证明连队领导管理好了，反之，说明连队干部管理不到位，这都是父亲对我潜移默化的影响。

家里孩子多，母亲管不过来，所以我上学大部分时间都是住校，幼儿园也是住在园里，只有星期天才在家里。我除了小学三年级、四年级这两年是住在家里，其余年级都是住校，我上初中和高中也是住校。父亲说家里管不过来，那就让学校管，你要多跟同学和社会接触，将来进入社会就适应快。1955年，解放了一江山岛后，父亲调到北京工作时母亲带着四个孩子跟着回了北京。为了不耽误我和老二的学习，父亲把我们两个人安排在上海继续读书，一直到暑假才接我们兄弟到北京。至今我都记得很清楚，那一学期洗衣服、洗澡，包括星期天怎么过都是自己安排，也是父亲放手培养了我独立生活的能力。

父亲对孩子的教育还是比较严格的，我的父母对我们犯的错误从来都不袒护，必须做到马上改正。我记得小时候，有一个不认识的司机，他家就在我们家对面。他回家为了走近路经常穿过我们家的菜地。有一次他走过菜地时，不小心踩了我家种的油菜，偏偏让我看见了，于是我就不让他走，两个人吵了起来。后来这事让我父母知道了，父亲拉着我去给那位司机道歉，因为你没有权力不让司机回家。那时家里电话响了，如果我接电话时对打电话的人口气太急或者没有礼貌，父亲都会逼着我在电话里道歉，绝不容忍。

第二点是父亲重视对我的教育。虽然父亲的收入不算少，但是家里孩子多，还有亲戚需要支援，实际上家里经济并不宽裕。所以我从小就知道节约，吃穿上都不讲究，身上一分钱也没有。让我感动的是父亲在对子女的教育上舍得花钱，过一段时间他就会带着我到新华书店买书，像《钢铁是怎样炼成的》《静静的顿河》《苦菜花》《林海雪原》等国内外的那些名著他都买。我知道家里生活拮据，我对父亲说行了别买了，买那么多书干吗？可父亲还是一个劲儿在那挑、买，这给我的印象特别深。后来我想，父亲这辈子没有多少文化，可他知道文化的重要性，所以希望我们多读书，成为有用之才。

第三点父亲特别重视对我进行传统教育。小时候北京年年有国庆阅兵式，晚上天安门广场有晚会，父亲都会想办法让我到长安街旁边的高楼上看阅兵式，增加我们对党、对国家的爱。国庆十周年时，父亲参加将军合唱团演出，他也安排我去看他们演出。那时父亲还带我去看大型舞蹈史诗《东方红》《长征组歌》演出，而且不止一次。父亲就是让我通过这些文艺演出了解党的历史，接受我党我军的传统教育，让我们继承红色传统。文化大革命时，父亲因为被批斗，在家里的时间比较多了，那时我也从上大学的哈尔滨回到家里，这时我们父子待在一起的时间多了些，父亲也有时间与我聊天了。那时父亲告诉我当年他们是怎么爬雪山、过草地的，父亲还讲过他在吴起镇是怎么指挥中央警通营打败马鸿逵骑兵部队保卫党中央的，等等。父亲就是这样让我知道了什么是人民军队，什么是艰苦奋斗，什么是信仰，我们的胜利是怎么来的。

父辈们渐行渐远了，可他们创建的共和国仍然不断发展强大，因为一代又一代后来人没有忘记老一辈的初心，把他们的光荣传统继续发扬光大，建设和保卫我们的国家。我希望今天年轻人也能和我们这一代人一样不负韶华，富国强军，让中国人在世界上能挺直腰杆。

图为曾晓安夫妇接受平津战役纪念馆副馆长刘佐亮（左）采访

图为曾晓安夫妇同平津战役纪念馆口述史团队合影

从书生到虎将

◆ 韦亚南口述　陈晓冉整理

受访人：韦亚南（韦统泰之子）
身体状况：身体及精神状态良好
现住址：北京市朝阳区
采访人：王蔚、马楠、张一拓、陈晓冉
采访时间：2024 年 2 月 29 日
采访地点：北京市朝阳区

韦统泰
（1918—2013）

　　2024 年是平津战役纪念馆口述史项目进行的第六年，我们继续对开国将帅的子女进行采访。这次访谈从家风的角度，探析那些为新中国成立做出杰出贡献的开国将帅是如何教育后代、如何传承家风，以及后代子女从各方面所受到父辈的影响。

坚持信仰　不忘初心

　　1918 年，我父亲出生于山东曹县，长大后就读于当地的私塾、初中，20 世纪 30 年代离家到济南读高中。抗日战争爆发后，他毅然投身于抗日救亡运动，离开家乡，奔赴延安。他与同学们从曹县出发，徒步 1000 多公里，历时 10 个月，先后经过菏泽、曹县、许昌、南阳、均县、勋阳、商洛、商州、西安、延安，这

一路过程极其艰辛曲折。在途中，他们不断遇到国民党的封锁、阻拦、恐吓、利诱，但是始终没有动摇，前往延安的决心，因为他们坚信，只有共产党才是真正抗日的，才能真正解救中国，才能真正解救劳苦大众。到达延安后，经过考察推荐，父亲进入抗日军政大学学习。在学习期间，毛泽东主席曾亲自在他的笔记本上为他写下"光明"二字，多年来他一直珍藏。在以后的行军、作战生涯和生活中，每逢遇到困难之时，想到主席写下的"光明"二字，他便会有无尽的勇气、信心和力量。这也是他终生用之不完的力量源泉。

图为毛主席题词"光明"

深入实际　实事求是

俗话讲的好，"知己知彼，百战不殆"。父亲从抗日军政大学毕业后进入部队，担任的第一个职务是侦察参谋。所以他特别重视调查研究，掌握第一手资料。

平津战役时期，父亲任四十五军一三五师四〇五团团长。当时前线指挥部确定攻打天津的作战方案是三十八军、三十九军从天津西侧西营门实行突破，为第一主攻方向，四十四军、四十五军从天津东侧民权门实行突破，为第二主攻方向，金汤桥为两军会合点。四十五军把突破民权门的任务给了一三五师。民权门外四五百米，敌人依托范家堡的砖窑和祠堂构筑了环形防御的支撑点，与民权门之间有交通壕连接，想要攻下民权门，必须先突破范家堡。因此，能否顺利攻下范家堡，不仅关系到全军的士气，甚至还影响到整个天津解放的进程。一三五师把攻打范家堡的任务交给了四〇五团。四〇五团接到任务后，身为团长的父亲深知肩上担子的分量，立即和团里领导反复研究，进行分工，制定作战方案。父亲更是亲自到双方对峙前沿，侦察敌情、地形、兵力部署、火力配置等情况。经侦察得知，除了之前的防御体系，敌军还在外围修建了纵深70米左右的障碍和雷场，被天津警备司令陈长捷称为天津"模范标准工事"。

　　根据侦察情况，父亲制定了以坑道对坑道，在正面突破的同时利用交通壕和坑道向敌后穿插迂回，这样可以避免被敌障碍物迟滞，最大限度减少伤亡。战斗开始后，一营和二营并肩突破，父亲跟随尖刀连前进，随时对部队进行指挥。仅用一个多小时，就歼灭敌军一个加强营500余人，除营长到天津城内开会外无一漏网。战斗结束后，在敌军坑道仓库内缴获了大量饼干和罐头，当时部队已经一天多未吃饭了，但对缴获的物资丝毫未动，全部上缴。战斗结束以后，四十五军军长黄永胜、政委邱会作、一三五师师长丁盛、政委韦祖珍到范家堡实地查看，听取了父亲的汇报后，黄永胜说："你们四〇五团，你韦统泰是真行，天津的'模范标准工事'在你手里就像豆腐渣一样，一攒即垮。"邱会作说道："这次打范家堡你们要好好总结一下，这次作战方案正确，兵力部署得当，部队攻击勇猛，是一次典型的攻坚战战例。"这次战役也得到了四野总部林彪、罗荣桓、刘亚楼、谭政、陶铸及东北民主联军总部的通令嘉奖。

图为韦亚南在接受采访

根据一三五师战前的作战方案，在突破民权门后，四〇四团负责夺占金汤桥，四〇三团由金汤桥沿海河向南攻击，四〇五团由金汤桥沿海河向北攻击。当四〇五团攻打到中山路口时，遭到敌军暗堡和对面大楼上火力点的猛烈压制，部队前进受阻，且无法绕行。当时父亲随前卫一营前行，便和营长景德胜去房顶侦察敌情和敌人火力部署情况。当两人趴在一座屋脊上侦察情况时，父亲听到身边好像传来了呼噜声，就小声说道："老景，枪打得这么响，你怎么还睡觉呀？"说了两遍没人应声，他侧头一看，此时的景德胜营长头部已经中弹，正在大口喘着粗气。显然，这是敌人狙击手的杰作。景德胜是老红军，从东北起就跟随父亲，为人精干，打仗勇猛，是父亲最为得力的营长。爱将和战友的牺牲使得父亲震怒，立即集中全团的直射火炮和火箭筒，对着对面的大楼一阵猛打，大楼燃起了大火，部队趁势发起攻击，全歼了守敌。父亲晚年曾多次对我讲过这段经历，说当时两人并排趴在屋脊上拿着望远镜观察，相距不到1米，如果狙击手瞄准的是他，那么牺牲的也就是他了。所以他总说自己是个幸运儿。今天的胜利和幸福生活是无数先烈流血牺牲换来的，更要感恩和珍惜，同时也教育我们不能辜负那些为了今天而牺牲的烈士们。

1959年，西藏发生反革命叛乱。经中央军委决定，由五十四军率领一三〇师、一三四师赴西藏平叛。随后五十四军立即成立以丁盛军长为指挥，谢家祥政委为政委，韦统泰副军长为副指挥兼参谋长，军政治部主任李斌为主任，由五十四军的司令部、政治部、后勤部组成的部门十几名干部组成的"丁指"赶赴西藏。西藏地处青藏高原，地广人稀，山高谷深，叛匪分散各地，多为西藏上层反动集团分子、地方旧政府反动分子、反动僧侣、贵族和受蒙蔽的信徒，他们时而聚集时而分散，和正规部队有着完全不一样的特点。到达西藏后，根据当时平叛作战的特点，针对叛匪流动性大的情况，父亲提出减少指挥层级，指挥员要随一线部队行动，敌变我变，机动灵活地实施指挥。改变了平叛刚开始的指挥流程：西藏军区—"丁指"—师—团—营—化繁为简。也就是现在军改中所采用的"扁平化"指挥模式。当时部队都是从朝鲜战场上刚刚归国不久，经历过战火的考验，有着丰富的作战经验。指挥靠前有利于根据敌情变化，采用不同的战法消灭敌人。因此，父亲的设立"前指"方案得到了各级的肯定和批准。以他为主成立了"前指"，先后组织指挥了兵力从四个团到九个团的纳木湖战役、麦卡地战役、昌西地区（一号地区）战役、青海、西藏交界地区（二号地区）那曲战役。作战计划确定后，他更是深入前线，乘坐空军飞机进行空中侦察，掌握地形，了解敌情，制定了切合实际的作战方案。由于方案得当，侦察到位，提高了作战效率，平叛取得了圆满胜利。西藏平叛的胜利，维护了祖国的统一，同时也保证了西藏的社会主义革命和建设。

图为 1962 年 12 月，中印边境自卫反击战胜利后，
韦统泰（左三）与"丁指"部分成员在昌都合影

沉着冷静　果敢刚毅

　　在长期的革命战争生活中，父亲遇事沉着冷静、果敢刚毅，这既是他的性格，又是他的品德。这也给我们树立了榜样，一直潜移默化地影响着我们。

　　衡宝战役时，四十五军是第四野战军中路军的组成部队，肩负从中路突破国民党军在衡宝一线防御，会同其他兄弟部队歼灭白崇禧集团的任务。根据作战计划，四十五军一三五师突破一线防御后，迅速向敌内纵深穿插。进攻发起不久，四野总部发现敌军主力突然集中向前，企图围攻我军突出部队。四野总部急令中路军各部队停止前进，原地待命。而一三五师在向敌纵深穿插之际没有架设电台，第二天停下来联系时，已深入敌军纵深160余里，周围全是敌军部队。面对这一突发情况，四野总部立即电令一三五师直接归总部指挥。总部发令，要一三五师拖住敌人，设法从敌间隙插向湘桂铁路洪桥一线，阻止敌人向广西逃窜；同时又命令中路军各部队立即向敌发起攻势，左右两路实施战役穿插的部队迅速向湘桂边界迂回。

　　当时父亲所在的四〇五团受命担任一三五师的前卫，经黄土铺向湘桂铁路洪桥方向迅速前进。当部队行至黄土铺东侧山梁附近时，发现经黄土铺向南的土路上有大队的敌军向南行军。敌人的行军队伍人喊马嘶，并未发现我军。父亲见机遇难得，立即召集营团干部制定作战方案。将全团九个连一字展开，不留预备队，同时扑向敌人的行军纵队，进攻中不准停止，不准卧倒。冲锋号响起，九个连像九把尖刀，如同猛虎下山一般扑向敌人。抓获俘虏后才知悉，敌军是"钢七军"的军部和一三八师的一个后卫团。而"钢七军"是李宗仁和白崇禧的起家部队，军官和士兵全部由广西子弟组成，在北伐战争中就打出了名气，是白崇禧集团中的王牌和主力。"钢七军"军部设有警卫营、工兵营、战炮营、通信营、卫生营，士兵作战经验丰富，大部是老兵。这次"钢七军"负责担负战役机动，妄想寻机消灭我军的突出部队，当看到一三五师离主力部队较远时，想趁势攻击捡个便宜。然而"钢七军"没有料到一三五师能攻能守，机动灵活，看到我军后续部队全部压上来，便慌忙撤退。当行军至黄土铺时，四〇五团"猛虎下山"，经过半天激战，敌军部全部被歼，一三八师后卫团大部被歼。这次战役胜利后，四〇五团被授予"猛虎扑羊群"锦旗一面，全团荣获集体大功一次。此后四〇五团就被誉为"猛虎团"，一三五师也被誉为"猛虎师"。

2009年衡宝战役及新中国成立60周年之际，已90多岁高龄的父亲，顶着8月的高温酷暑重返黄土铺。在昔日的战场，他现场讲解当年的战斗经过，对部队进行传统和荣誉教育。同时祭奠当时牺牲在黄土铺的300多名烈士。在敬献花圈时，父亲说道："同志们，老团长今天来看你们了，60年了……"便泣不成声，在场的人无不动容，只有真正经历过战火考验的战士，才会有这种刻骨铭心的感受。那一刻，父亲用他的亲力亲为诠释了什么是战友之情，什么是不忘初心。这就是父亲对我们的言传身教。

图为韦统泰参加纪念衡宝战役
胜利60周年活动

　　父亲戎马一生，其性格特点、做事风格皆与军旅生涯有着密不可分的联系。虽然他平时很少对我们当面说教，但是他以自己的言行举止、所作所为，于无声中深深地影响着我们。我们后辈应该牢记、学习、传承这些优秀品质，砥砺前行，成为像父亲那样的人。

图为韦亚南同平津战役纪念馆采访人员合影

穿插京津完成阻隔

◆ 吴晓春口述　王蔚整理

受 访 人：吴晓春（吴纯仁之子）

身体状况：身体及精神状态良好

现 住 址：广东省广州市

采 访 人：时昆、王蔚、张一拓、马楠

采访时间：2023 年 7 月

采访地点：广东省广州市

吴纯仁
（1921—2010）

　　广州的夏天让我这个北方人真切地感受到夏日的酷热与湿润。气温达 30
摄氏度以上，加之高湿度的影响，感觉闷热难耐。但酷热的广州透着一丝热情，
人们的活力和对美好生活的向往从未减退。早茶时间酒店里熙熙攘攘的人群，
弥漫着清香的茶香和美食的味道，让人垂涎欲滴。我们的采访就在这样的氛围
里开始了……

　　第一位接受采访的老人叫
吴晓春，初见老人时，我觉得他
并不像南方人。他身形魁梧，北
方人的四方脸，眼神中透着一
种坚毅与沉静。当他开口讲述
父辈和自己的故事时，我想我
猜对了……

图为吴晓春老人接受采访

我父亲的革命生涯

　　我的父亲叫吴纯仁，1921年12月14日出生于陕西省韩城县马村。祖上略有些田地。父亲小时候顽皮、聪明好学，性格有些倔犟，在乡里读完小学。由于我爷爷的一些不良嗜好，致家境中落，再也不能负担父亲的学费了，而父亲坚持要到县里上中学，与家里闹得不可开交。那时是1936年冬天，我父亲年近15岁。我的六爷（父亲的堂叔）是中共地下党，而中央红军刚刚长征到陕北落脚，六爷告诉我父亲说去陕北可以上红军大学，背着我爷爷介绍我父亲去陕北。为了上学，我父亲独自步行一个多月去了陕北，恰好找到红军总部。接待他的同志说，年纪太小，红军大学什么的都不可以上。他们是三个伙伴一起出来的，因为当地村民都知道他们是投奔共产党去了，他们三人合计如果回家被当地官府知道了不会有好日子过，于是他们三人坚决不回家，先参军两年，然后再来上学。红军总部的接待人员就把他安排在红军总部警卫团当了一名战士，从此我父亲走上了革命道路。

图为1948年辽沈战役前，东北民主联军第六纵队十六师四十六团部分人员在吉林省北山合影。吴纯仁靠着"天"字下的斜柱

图为 1947 年 3 月 7 日，在德惠（今属长春市）五家子阻击国民党军新一军五十师的战斗中，吴纯仁组织部队首创东北战场上步兵歼灭坦克的先例，受到东北民主联军总部的通令嘉奖。战后祝捷大会上，师政治部主任刘锦屏给记大功一次的吴纯仁佩戴大红花，并向他敬了三杯胜利立功酒

　　我父亲先是在中央军委二科，没多久就被调到了红军总部特务团，去一个连队里当文书。因为当时部队官兵没有多少有文化的，我父亲高小毕业在部队算是小知识分子了。1937 年抗日战争爆发，红军改编的八路军准备东渡黄河，进入山西抗日，过河的渡口就在老家韩城。当时我爷爷十分想念自己的儿子，他看到好多部队从家乡——韩城县芝川渡口过渡，我爷爷就在渡口猫了三天，想把我父亲拉回家。我父亲看到了我爷爷，但他一心革命，不想回家，我父亲就混在人群中上船，奔赴抗日前线。平型关一仗八路军——五师伤亡较大，总部决定抽调一部分部队补充——五师，其中八路军总部特务团一部成建制补充到——五师六八五团。这是我党第一支建立和掌握革命武装叶挺独立团的传承部队。我父亲在这支光荣的部队从士兵做起，直至担任团长再走出这个部队。

　　我父亲打仗不怕死，但是作为有点文化的人，喜欢用脑子去打仗，特别是他担任指挥员后。1947年的东北战场，我父亲部队所在的阵地前，轰隆隆冲上来几辆坦克，当时我军的战士都没见过这玩意儿，枪炮打也打不掉，一些士兵就开始往回撤。这时我父亲带了一个班上去了。后来他跟我们说，当时他躲在墙角后观察，琢磨这东西能动是有人在里边驾驶，人是怎么进去的？能动是靠履带转，因此他告诉战士们上去掀盖子用手榴弹炸，用集束手榴弹炸履带，一举击毁敌三辆坦克，创造了东北战场上我军首次步兵打坦克的战例，父亲也荣立大功。有军史爱好者统计，解放战争时期，全军团级干部立大功者仅三人，我父亲就是其中之一。

　　战争年代，父亲参加了很多战斗，像四平的塔子山、辽沈战役的厉家窝棚这些恶仗，部队基本都是伤亡大半，我父亲却毫发无损，打了一辈子仗，没负过伤，许多老人（或他们的子女）都说我父亲是福将。这里边可能有运气的成分。我曾听王庆林叔叔说，你爸爸救过我，我也救过你爸爸两次。他说在厉家窝棚打仗时，你爸爸当团长，我是团部通信班的。团指挥所设在村里一户人家的地窖里。当你爸爸听到政委牺牲的消息时，急红了眼就要冲出去，我们在团指的几个人把他死死地摁在地上不让他出去，如果他出去，团部就没有领导了。这一仗，团政委、团参谋长牺牲，副团长重伤。王叔叔说这一仗打的惨啊，3000人的大团下来的时候没几个人了。每当想起王叔叔的话，我总忍不住要掉眼泪。父亲的幸运实际上也是别人的流血牺牲换来的。

　　平津战役期间，我父亲所在部队没有参加实际的作战工作，而是做了一些战略行动上的工作。当时毛主席的作战方针是"围而不打、隔而不围"，当时中央军委发现天津的国民党守军想西出接应北京的国民党军，我父亲所在的东野六纵从东北战场上下来后按照中央军委的要求直接穿插到北京和天津之间，完成阻击隔断任务。国民党军此时也知道东北野战军入关的消息，就没敢轻举妄动。

　　我父亲在四十三军一二七师，完成的是阻击隔断、切断联系的任务。真正参加作战的是四十三军一二八师，当时被刘亚楼调取攻打天津，他们这支部队被誉为"攻坚老虎"，一大部分是由山东的矿工组成，他们会用炸药。当时炮兵实力还不强，只能靠炸药开路。当时采用了一种攻坚战术，突击队下分突击组、爆破组、火力组和支援组。在四平攻坚时，一纵和七纵沿着街道进攻，伤亡比较大。总部就调六纵十七师去攻坚，原来他们是一个团打一条街，因为东北的街道面积很大，十七师（就是后来全军统一番号的一二八师）上云是一个营打一条街。而且一二八师打城市攻坚不是沿着街道，而是从屋内发展，把每间房间的墙炸穿，从屋内向据点进攻。所以在街道上见不到人，但攻坚的速度很快。这种战术被东野首长总结为"四组一队"战术，也是"六大战术"之一。

　　平津战役时，四十三军在攻打天津后也做好了攻打北京的准备。但北平最终和平解放。当时天津警备司令陈长捷被俘后，被带到北平和谈的谈判地去，陈长捷说："告诉总司令别打啦，守不住，这些东北野战军跟关内的不一样。"天津解放也对北平起到了威慑作用，才相继产生了北平方式和绥远方式。

父辈的风骨

　　我们很小的时候，父亲还在野战军工作，由于经常下部队，没有时间精力照顾我们，我们从小就是住幼儿园、住校，往往星期天回家也见不到他。后来父亲调到广州机关工作了，虽然也经常下部队，但是还是有较多时间可以接触了。父亲对我们而言是严父，除了女儿外，任何一个儿子，如果在家里或外面犯错了，轻则瞪眼骂一顿，重则动手动棍子打一顿，这一点可以说是有"军阀"作风的。过去说"棍棒底下出孝子"，虽然挨打，孩子们仍然不敢违命并深爱着父亲。如果父亲在家并且不忙的话，晚饭后我们和父亲在院子里散步是最惬意的。父亲耐心地听我们讲着各种事儿，偶尔表个态，这时候大家都是很平和快乐的。特别是后来我们大的孩子都外出工作上学了，晚饭后父亲就牵着小妹妹的手到外面散步，场面温馨，其乐融融。后来很多叔叔阿姨都很羡慕地跟我们讲看到的这一幕。

父亲对我们要求是非常严格的。属于公家配给他的，我们是不能沾光的。父亲不允许我们去坐他的车，小的时候家里有勤务员、保姆，但是我们的衣服鞋袜都必须自己洗，要求我们自己的事情自己做，不能指使别人去做，使我们养成了自己动手、不依靠别人的习惯，以至于现在有时看到有些人对别人颐指气使就不习惯。

父亲性格有些内向，平常说话不多，一辈子谦虚谨慎，不去麻烦别人。离休后就在家里写字看书，我们叫他出去走走，他就说麻烦别人不去，只是偶尔参加机关组织的集体活动。印象中父亲似乎是对别人好，他的战友、同事有事找他帮忙，他都尽力去帮助。他还对我们说过，我们家里不要指望父亲会帮我们找工作或找人办事，我们兄妹从考大学、找工作都是自己努力争取的。即使这样，我们也不会抱怨父亲。父亲给予了我们独立生活的能力。按他说的，只要我们有一份手艺和工作能保障生活就行了。

2010 年，我父亲去世后，按照他的电话本上的名字，我们子女给他各地的战友打电话报丧。在给天津他的一位战友电话中，刚说了我的父亲昨天去世了，对方"啊"的一声，慢慢的，电话中传来哭声，"吴团长去世了？！我和他一起打坦克的，他怎么先走了？！"我说："叔叔，你是跟我爸爸一起打坦克的吗？""是，他带我们打的坦克，这仗打得多好啊！"叔叔说："我跟你爸爸一直写信，每年春节都互发一个明信片问候，今年发不了了。"电话中叔叔一直在哭，我唯有不断地安慰他，请他保重，自己也泪流满面。

父辈对我的影响

我兄弟姐妹四人，我是家中老大。我从小跟父亲接触的时间不多，属于"放养"，从小在幼儿园，上的全托的学校，就是周日上学，周六再回家。15岁我就去参军了。我参军也受到父亲的影响，当时报名通过了，我父亲出于对部队放心的角度，说："我当兵时都比他大。"他让我到艰苦的地方，我就到野战军去了。我在参军、上学时受到父亲严格作风的影响，成绩一直都很好，也很努力。我在野战军步兵连队干了三年，第一年是新兵，第二年全国没有征兵，所以我还是当新兵，第三年我就当了班长。后来我就改学通信了，成绩也很优秀。当时正是改革开放时期，国家有个"三抓"项目，是毛主席生前批示的，一个是东风5型运载火箭，其实就是打全程的导弹，大概打到1万多公里。第二个是核潜艇水下发射导弹。第三个就是同步通信卫星的发射。这些项目是毛主席生前批的，粉碎"四人帮"后由聂荣臻元帅负责。即20世纪70年代末到80年代初的国防科技"三抓"项目。为了配合这个项目，广州组建了一个通信总站。我就到这个通信总站工作了。

当时，钱学森系统论是作为整个系统工作的指导。第一个项目是东风5导弹全程发射，从位于甘肃的东风靶场打到太平洋南部。我是负责大陆和远望二号测控船通信联络的，要一直跟北京指挥所进行通信联络。当时几个主席和副主席都在那看着。然后总参一个通信总站负责对接远望一号。

我一直工作到1984年转业，参加了一个东风5全程发射，参加了一个同步通信卫星的发射，这两项任务完成了我也就转业了。为国防"三抓"事业中的两项我还是做了一些工作的。转业后我到了广东省乡镇企业局，机构改革又合并为省经贸委，现在是改成了省工信厅。

我父亲一生当过红军、八路军、新四军、东北民主联军、中国人民解放军，他的部队没去朝鲜，但他作为军事学院学员观摩团也去过朝鲜前线三个月，可以说他把共产党领导的军队，所有的兵种都当了。作为父亲，他养育了我们，更教育我们如何做一个正直的人。

附记

在整个采访中，吴晓春老人语气平和，将父辈和自己在战争年代与和平年代为国家、为祖国做出的突出贡献娓娓道来。从吴老的身上，我仿佛看到了吴纯仁将军的影子，淡泊名利、默默奉献、深藏功与名，这就是老一辈革命家的风骨。

图为信息部副主任时昆与吴老交谈

图为采访团队与吴老合影

从留学生到将军

◆ 罗亚军 口述 王蔚 整理

受 访 人：罗亚军（罗文之子）

身体状况：身体及精神状态良好

现 住 址：北京市海淀区

采 访 人：沈岩、王蔚、武思成

采访时间：2019 年 10 月

采访地点：北京市海淀区

罗文

（1913—1996）

采访罗亚军先生是在中央电视台旁的一间安静的茶社里进行的。2019 年 10 月 11 日一早，采访小组一行三人在沈岩副馆长的带领下，从天津出发。在便捷的铁路和轨道交通的加持下，我们准时到达。罗亚军先生和夫人早已在茶社等候，见到我们非常热情。他首先向平津战役纪念馆赠送了三本关于罗文将军的图书和画册，我们的采访也在捐赠过程中缓缓开始……

《从留学生到将军——罗文回忆录》这本书不是正式出版物，基本由我来执笔。在老父亲去世以后，我们把他的整个生平用文字的方式表现出来。这书比较简略，以文字为主，对我父亲——罗文将军一生的经历，做了归纳，展现了他的人生轨迹，这是我们家自己留存的资料。这本书里面讲到平津战役的时候，当时我父亲在五纵当参谋长，五纵没有参加解放天津，他们当时的任务是解放北平。

第二本是《罗文画传》，这本是 2013 年我父亲 100 周年诞辰出版的正式出版物。2013年中央文献出版社有一个"开国将军画传丛书"的出版项目，我作为代表参与了这部画册的出版。很多人看过这本画册以后，都认为这本画册比较新颖，史料价值高，图片珍贵，印刷精美。我们子女也很满意这本画册。

图为罗亚军先生向平津战役纪念馆捐赠图书

第三本是《敌后前哨——罗文将军在凌青绥》。这本书是2015年出版的，那年正好是纪念抗战胜利和世界反法西斯战争胜利70周年。作者是我们老家——辽宁《凌源日报》一位退休的编辑，他是土生土长的辽宁人，从小就听到关于我父亲的一些传说。因为我父亲当时就是在凌源附近打游击，当地流传着许多我父亲的故事。而且我父亲又是家乡出来的将军。这位作者（关继文）之前是一位语文老师，文笔很好，又当过报社的编辑，很注意搜集材料，退休之后他一直有个愿望，想用文学创作的形式来宣传我父亲的故事。作者把这个小说写好以后找到我，我们一家人才知道他在做这项工作。创作一部长篇小说是非常不容易的，既不是我们家人的委托，也不是组织委派，完全是作者靠自己的情怀来自发地做这件事。我们家人得知这件事后非常感动，帮助他在北京长城出版社出版了这本书，由中国作家协会主席铁凝作序。当时我们找到铁凝的时候，她把稿子从头看了一遍说，我从来不给别人写序，因为我这个位置太敏感，给谁写、不给谁写都不好平衡。但是这部书我要写，因为我有两个感动，一个是主人公令我很受感动，一位留学的知识分子，抗日战争的时候把学业中断了，冒着生命危险回国抗日，在这么艰苦的环境里成长为一位共和国将军，我很少听到有这么一个经历的老前辈。另一个感动是这位作者让我很受感动，作为我的同行，这位作者用自己的情怀，不要任何报酬，没有任何帮助，写得也非常好。最后铁凝欣然为这本书作序。

另外这本书可贵在哪？它是纪实小说，不是文学创作，没有合理想象，完全是真人真事，真实的时间、地点、人物。我曾经再三问作者，写的是不是真实的。他说我写的都是真实的，而且有很多故事由于篇幅所限我都写不进去，只能挑选几场著名的战斗写成这本小说。这三本书就捐赠给咱们平津战役纪念馆了。咱们再聊聊我的父亲。

留学时代　投笔从戎

凌源县四官营子乡小房申村地处贫瘠的辽西山区，美丽的大凌河在这里拐了一个弯。1913 年 4 月 28 日，我父亲出生在这里。我家是中国东北农村中的富裕家庭。我爷爷以上的祖辈是从山西闯关东到了现在的老家辽宁凌源，然后祖祖辈辈地继创家业。到我父亲的那个时候，家业已经有一定的规模了，在当地应该是个富裕户，家里有长工、短工，还有枪和家庭护院。我父亲从小就读私塾，后到凌源县一中读中学（凌源中学）。我父亲很聪明，从小有志向，在学校里勤奋好学，品学兼优，是一名优秀学生。1931 年九一八事变暴发，在蒋介石政府不抵抗政策下，日本侵略军以短短四个月的时间占领了东北全境。中国东北从此沦为殖民地，三千万东北同胞沦为亡国奴。我父亲读书的学校有一位陈老师在课堂上大声疾呼"打倒日本侵略者"，要求张学良率东北军抗日，拥护马占山率义勇军抗日。这件事对我父亲的影响和震动很大。当时父亲就不甘心当亡国奴，要抗日，要解救民族和国家，他和同学就投身到示威游行、抗税、抵制日货等活动中。

图为罗亚军先生接受采访

　　1934 年，日本在伪满洲国招收公费留学生，所谓公费留学生就是由伪满洲国政府出钱资助你到日本去留学。我父亲觉得这是一条出路，因为当时在东北听不到共产党的声音，也听不到其他革命组织的声音，我父亲想一个日本区区的小国为什么能有这么大的力量把我们中国东三省给吞掉了？他就觉得日本军事强大，要出国学军事，走军事报国之路。当时他到热河省会的承德去报考，一考即中，来到日本东京的成城中学留学。成城中学主要是补习日语，同时也学一些公共课，包括军事课，为将来考大学做准备。我父亲在成城中学学习期间，中国共产党在冲绳中学有地下组织，公开的身份是反帝大同盟，主要领导人是共产党员，但是为了不暴露身份，他们有的是学生，有的就是其他的社会职业，在进步的青年学生中发展积极分子，发展党的后备力量。当时这个组织中有一位共产党员叫王若石（应为王岳石），看中了我的父亲，成为我父亲参加革命的引路人。他认为我父亲爱国心强，学习好，很有激情热情，而且学习的目的是学军事，救国救亡。他就向我父亲宣传共产党的主张，给他看《八一宣言》，给他看大众哲学，给他看当时马列主义的一些读本。我父亲一下就被吸引了，这正是他想追求的，于是他向王老师提出来，不想学文化课，想要学军事，考日本的陆军士官学校。但是当时我父亲并不够条件考日本士官学校，正好伪满洲有一个陆军军官候补生队，在留日学生中招收学员，我父亲觉得这条路好，他和王老师商量，经得同意，就在1935年中断了日本的学习，没有与学校报告，悄然回国来到沈阳，报考了位于北大营的陆军士官学校，在那里学习了一年。可是好景不长，临毕业的时候被校方查出来了，因为我父亲的身份是伪满洲政府派到日本的留学生，拿着政府的教育经费，这样是不合规的。于是我父亲被学校除名送回了老家。我父亲在老家非常苦闷，他给王老师写信寻求意见，王岳石让我父亲还回到日本学习。我父亲二话不说第二次离开老家来到日本，报考了日本的东京大学经济系继续学习。

奔向延安 追寻初心

1937年七七事变爆发，全民族抗战开始。"中华民族到了最危险的时候，每个人被迫着发出最后的吼声！"留日学生中的革命者和进步青年再也待不下去了，纷纷准备离日回国。王岳石迅即回国，行前他召集读书会与同学们作动员，指出了摆在大家面前的三条出路：一是继续在日本学校学习；二是回伪满找事做；三是回国去延安抗日，一时不便回国的可以留下，继续进行秘密的抗日救亡活动。"回国，到延安去！"我父亲义无反顾，选择中断学业回国抗日这条路。不难想象，从交战国返回祖国抗日要冒极大的风险。中日全面交战后，日本法西斯政府对中国留学生回国控制极严，明令伪满学生必须回"满洲国"，否则将招来杀身之祸，殃及全家。我父亲当时和 20 多位东北籍的同学冒着生命危险，取了化名，更改了校籍和省籍，还花钱搞到指认自己是中国人而不是伪满洲国人的证明，到中国驻日使馆办成了回国手续，轻装简行，不携带任何书籍，开始分散回国。1937 年 9 月 18 日我父亲乘皇后号英国轮船由横滨启程回国。

皇后号航行的目的地是上海，但因"八一三"上海战事吃紧只好改道香港上岸。我父亲在香港时给王岳石发电报，后辗转到了广州。由于战时混乱，没有与王老师取得联系。国民党对这批留日学生积极争取，让他们加入国民党的队伍，于是把他们由广州带到南京参加国民党组织的留日学生归国训练团。这期间，我父亲终于和王老师联系上了，王岳石通过与我党有联系的热河先遣军司令部，给我父亲寄来去该部工作的证明和委任状，任命我父亲为该部少校参谋，即刻动身到热河前线抗敌，以此法接应脱身。这时候国民党训练团的负责人郝鹏举看中了我父亲，找来谈话，说："你不要离开南京，也可以委任你为少校。"我父亲则坚决表示要去"热河前线"。我父亲就到了西安的八路军办事处，入"安吴堡青训班"学习。这个训练班是西北青年救国代表大会组织的，驻地在三原县斗口镇国民党元老于右任的一个农场里，先后训练了 2 万多名青年，成为培养抗战青年干部的学校。1938 年 3 月，我父亲到延安抗日军政大学（第 4 期），在二大队直属区队学习，同年 5 月加入中国共产党。后来在延安训练以后，他又去了冀中抗日根据地，就是吕正操、程子华所在的根据地，从冀中他又转到了冀东根据地，就是李运昌所在的根据地。从冀东那个地方他就开始打游击。

火速入关　解放北平

1945 年，以李运昌为司令员的冀热辽军区分东、中、西三路进军东北，夺取承德和山海关，配合苏军作战，接管东北地区。十六军分区部队共四千余人，作为军区东路部队的第一梯队挺进东北。部队行动之前，曾克林司令员、唐凯副政委交给我父亲一项重要任务：带领一支精干的小分队作为东路部队的先遣队出长城，侦察辽西敌情并与苏军联络，引导其入关进北平。我父亲这支部队最先出关联络苏联红军，而他又是这个出关部队的先遣队，他应该是联络苏联红军的第一个人。我父亲先后到了三个纵队，就是三纵、四纵、五纵去当参谋长，实际上是副参谋长，因为没有参谋长就让他主持司令部工作。他参加了最先开始的辽西阻击，最后是四保临江，冬季、春季、夏季攻势，一直到最后的辽沈战役，整个全过程他都参加了。辽沈战役打完以后迅速入关，就是平津战役。当时我父亲在第五纵队当副参谋长，他们这个纵队没有打天津，是直接参与了北平和平解放。当时东野入关途中，我父亲的部队突然接到军委及东总电令：五纵暂勿向北平以南前进，应全力断宛平（丰台）敌人退路，抢占丰台，协同南苑方向之第三纵队切断敌南逃和东窜天津的道路，从南和西南方向包围北平。接到命令后，纵队几位领导同志立即在清河西北路边的老乡家里研究并作出部署，号召部队发扬辽沈战役中敢于向敌新一军、新六军纵深穿插、死打硬拼的革命英雄主义精神，坚决完成中央军委交予的光荣任务。我父亲他们部队边走边打，攻击前进，遇到小股敌人不纠缠，遇到较大的敌人争取就地歼灭，对一时不能消灭的用少量部队监视，主力绕道前进，就像一把尖刀经颐和园、玉泉山、田村、黄寺、宛平、石景山、五棵松直插丰台。我父亲的部队与友邻部队共同完成了对北平西南方向的包围，受到了军委及东总的嘉奖。

　　1949年3月，东北野战军改称第四野战军。作为四野后勤部既要做好百万大军的大兵团、多兵种、长距离、高速度南下作战的后勤保障，又要管理好日益增多的所属机构，包括46座军工厂、58所医院、3个汽车团和20多个大型仓库等。为此，四野后勤部在天津成立了司令部（驻天津镇南道72号），我父亲调任该部任参谋长。

　　新中国成立后的几次重大军事行动，我父亲都参与了。

回忆父辈　难忘亲情

　　我们家六个孩子，四男二女，我（罗亚军）是 1953 年出生，行末。我父亲在总后（总后勤部）时，后来的国防部部长曹刚川是我父亲的助理。他就评价我父亲是知识分子的楷模，是总后的"四大才子"之一。我的两个大哥和一个大姐都是战争年代出生的。当时的战争环境，很多老一辈革命家都是这样，在外面南征北战，没有时间回家，家人也见不上面，更谈不上在身边抚育关照。我父亲是一直到辽沈战役打完以后，部队开始出关，才刚好把他们带到部队一起生活了。我二哥从老家出来以后，到四十二军一二五师机关当公务员。后来全国解放了，生活也安定下来了，父亲就把他送到学校去读书。他读书的学校——中南军区子弟学校，在武汉，后来迁到了庐山。小学毕业以后，我二哥在北京安家，后来他考到北京四中，在学校里成绩很好，并打算报考哈尔滨军事工程学院。当时他的政治表现、学习水平是很有希望的，他自己也想从事科研工作。正在这个时候北京市成立了跳伞队，到学校招收学员。我二哥政治条件、身体条件、学习条件都非常好，经过重重检查，政审也通过了，当时他就面临选择，是去跳伞队还是继续学习深造。我父亲跟他说，国家挑一个飞行员不容易，挑一个跳伞队员更不容易。今后你要记住，国家需要永远是第一位的，既然你的条件符合，组织上又看中了你，你就服从组织需要。这样我二哥就听从了父亲的建议，中断学习到了当时刚刚成立的北京跳伞队去当一名学员，实际上就是运动员。跳伞队后来发展成北京航空俱乐部，是一个带有国防性质的体育运动机构，位于西郊机场。我哥哥在那里表现非常突出，就是按照父亲的教育，处处争上进、刻苦好强。在训练最艰苦的时候，父亲了解了他的一些情况，特意从山东东海的舟山买回来一套《毛泽东选集》送给我二哥，还在扉页上写到一句："玉朴，祝你早日成为党员。学习实质赠给小儿深研。购于山东东海舟山罗文。1961

年 1 月 23 号"。二哥就在父亲的教育下，最后用三个"第一"回馈了父亲对他的期望。他在跳伞队 20 多名队员中，第一个被发展为党员，第一个被选送到河南安阳中国人民滑翔学校学习飞行驾驶技术，并被评为"三好飞行员"。在新中国成立 14 周年庆典活动时，他是第一个，也是唯一一个被选中的代表航空俱乐部登上天安门观礼台，参加国庆观礼活动的人。

图为回忆罗文将军到动情处，罗亚军潸然泪下

我见到父亲的机会很少，在我们子女的心目中，他完全是一个慈父的形象，非常的高大，非常的亲切，慈眉善目。父亲年轻的时候很幽默，而且健谈，经常给我们讲一些人文趣事，很吸引我们。再加上父亲有一些爱好，他爱摄影、爱照相，从小就教我们怎么构图，怎么把光圈、距离、速度计算好。他跟我说，你要照全身，一定要把脚照出来，你不能把脚差一点漏掉了，人成残废了。另一个我父亲爱听京剧，所以在他的影响下，我母亲也爱看京戏，我们到了一定年龄以后，也爱看京戏。还有一个父亲的严格精神也对我影响很深，他总是把自己弄得整整齐齐的，生活有条理、有规律，注重仪表，保持干净整洁。对人尊重，对自己也是尊重。他身上总带把梳子和一块手绢。只要他头发乱了，马上会拿出

来梳一下。只要皮鞋上有灰了，他马上用手绢把皮鞋擦得干干净净。他不仅自己这样，也要求整个家要干净整洁，东西放置要有序。

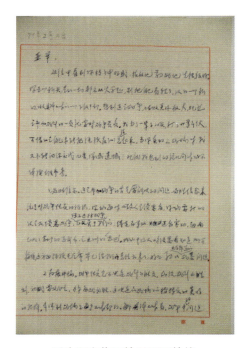

图为罗文将军给罗亚军的信

父亲经常用写信的方式来与子女沟通。我还保留着父亲给我写的信件。父亲对我们子女来说，既是严父又是慈父，非常注重子女教育。尽管他工作很忙，无论是在战争年代还是和平时期，总是离多聚少，但是父亲对子女的教育从来没有缺失，从来没有以工作忙为理由就放松或者忽视，这一点我们感触非常深，这也是我们家家风的显著特点。

图为罗亚军先生与夫人接受沈岩副馆长的采访

图为采访团队与罗亚军夫妇合影

父母之美德，儿女之遗产

◆ 巩志兴口述　李世钊整理

受 访 人：巩志兴（巩玉然之子）

身体状况：良好

现 住 址：天津市西青区

采 访 人：沈岩、李世钊、王蔚、张一拓、武思成

采访时间：2019 年 2 月 20 日

采访地点：平津战役纪念馆

巩玉然
（1918—2003）

　　巩玉然，1918 年 9 月出生于河北省遵化县地北头镇鲁家峪村，1939 年参加革命，1941 年 5 月参加八路军，1942 年 5 月加入中国共产党。历任晋察冀十三军分区警备连班长、排长、连长，步兵十三旅十四团营长、副团长、团长、四十六军一三七师副师长，一三六师副师长、师长，四十六军参谋长、副军长、青岛警备区顾问等职。抗日战争时期参加了全歼日本春田中队的战斗。解放战争时期，参加了辽沈、平津战役，1949 年随大军南下，参加了衡宝战役。1952 年参加抗美援朝。1945 年 2 月参加冀热辽军区和行政公署召开的英模代表大会，并被授予特等战斗英雄称号，1946 年冀东十三旅授予"甲等战斗英雄"称号，1947 年又被冀热辽军区授予战斗英雄称号。抗美援朝战斗中荣立大功一次。1955 年被授予上校军衔。1988 年 7 月被授予独立功勋荣誉章。

我叫巩志兴，1953年出生在辽宁省海城县（现为海城市），1969年入伍当兵，1975年从部队复员到吉林市。1980年，我调到天津，在中国市政工程华北设计研究总院工作，直到2013年退休。

我的父母

我的父亲巩玉然，母亲岳淑媛，他们是在革命战争年代相识、结合，一起走过了数十年风雨人生历程。父亲从一个贫苦农民家庭的孩子，投身抗日救国，从此戎马一生，战功卓著，为民族的自由解放、国家的繁荣富强、人民军队的发展强大贡献了自己的全部。父亲一生无论是在战争年代还是在和平时期始终忠于党和人民，有着坚定的理想信念。他律己修身，刚直不阿，诚信立身，重德贵义，赢得了领导的信任和战友的尊重。母亲一生追随父亲，相濡以沫，勤俭持家，宽以待人，抚育我们成长，为家庭、为儿女、为子孙奉献了自己的一切。

图为巩玉然夫妇

家庭成员

　　父母共养育我们兄妹五人，我排行老二。家里有一个哥哥、两个弟弟、一个妹妹。我们兄妹包括我们的爱人都是中共党员。我的哥哥、弟弟、妹妹们也都在部队的大熔炉里历练过。

图为 1971 年巩玉然全家合影。后排右二为巩志兴

家庭生活中给我印象最深的几件事

　　父母从小就对我们兄妹五人教育严格。每当我们即将步入人生的转折点，不论是上学、当兵、工作、结婚，父母都要专门抽时间和我们促膝谈心。用他们的亲身经历和对人生的感悟指导教育我们走好人生每一步。严厉中有牵挂，批评中有鼓励，不仅教育了我们每个人，也使我们这个家形成了父传儿、兄传弟、兄弟姐妹互相和睦、共同进步的风气。

　　父母一生值得我们怀念的很多，给我留下深刻印象有这么几件事。

第一件事是从小父母就教育我们要热爱劳动，艰苦朴素。那时候父亲工作忙，经常下部队，但闲暇之会也会给我们讲故事，印象最深的一个是说古时候，有一个人非常懒，平时吃饭都要爸妈喂，不喂自己都不吃。有一回爸妈出远门，给他做个大饼套在脖子上。几天回来，看儿子饿死了。那是因为他儿子到饿死了也懒得转一下大饼。他用这个故事告诉我们，懒是万恶之源，让我们记住，一个人要勤劳，从小要爱劳动，不要当懒人。母亲忠厚善良，勤俭节约，我们小的时候，我印象中基本没穿过新衣服，都是老大穿过之后，老二穿（我和我大哥相差两岁），我穿过小了的，不能穿了给我的弟弟穿（我与我大弟弟相差两岁）。真是新三年，旧三年，缝缝补补又三年。最后还要用这个旧衣服做鞋垫或者做布鞋。（战争年代我母亲就担任过妇救会主任，支前做军鞋是她的强项。）

就是我们五个兄妹在结婚时，父母只给每家做两床被子，没办过酒席。可见父母是多么勤俭持家的人。

正是他们这种勤俭持家的作风，深深地教育了我，让我懂得了勤俭、孝顺。我当兵入伍期间，记得是 1974 年存了 100 元寄给家里，其实家里哪缺我这点钱，只是表达感恩父母之心。（我当兵时，第一年每月 6 元津贴费，之后是第二年 7 元，第三年 8 元，第四年 10 元，第五年 15 元，第六年 20 元。）那时候环境也艰苦，没什么买的，只是买肥皂、穿膏等日用品。但 100 元对于我来说，可是大数目了。

第二件事是父亲律己修身、公私分明的品德。"文革"期间，父亲在地方支左，担任中共吉林市委第一书记、革委会主任近十年。这期间老家不少人（农村的亲戚）找他想安排个工作，解决城市户口，可他一个也不办。好多亲戚对他意见很大。

父亲不但对亲戚如此，就是对自己家人也是如此。196 年，母亲为了照顾年幼的小弟弟，从地方银行支部书记退职了。退职时只给了几十元退职费。1968 年，我小弟上学，我母亲重新上班，从普通工人做起。作为时任吉林市委第一书记的父亲，只要给组织部门打个电话，就可以退回母亲的退职费，恢复其工作，母亲还可以享受离休待遇。可父亲就是不办，直到二位老人都病逝了，也不给办。最后母亲得癌症，做心脏支架都是我们家自费，退休金每月只有200多元。我们已经习惯了，违反原则或给组织上添麻烦的事儿，他是绝对不可能办的。身教重于言教，父亲的律己修身就是我们子女最好的榜样！这也是他那一代共产党人的党性原则。

还有一件小事也能反映父亲的公私分明。那时候部队寄信是可以用部队的免费邮，但是父亲只有公事的时候才用，私事坚持贴邮票，不用免费的。他一辈子党性原则极强，从不占公家半点便宜。

父亲对自己要求严格，对子女要求也严格。我在部队当兵，本有机会留在部队机关，但父亲坚决要求我下基层连队锻炼。在他的要求下，我当兵这六年一直坚守在条件最艰苦的基层。这六年中，在辽宁搞战备施工，挖了一年山洞；在嫩江农场生产，种了四年的地；在辽宁北票搞生产，挖了一年的煤。尤其是在嫩江这四年，部队驻扎在偏远苦寒之地，荒无人烟。河沟里的水就是我们的饮用水。每到冬天，只能从河沟里刨冰块，用牛车拉回来化成水饮用。条件虽然艰苦，但我依然坚持下来。在别人看来，只要父亲打个电话我就没必要吃那么多苦，但是父亲就是铁血军人的性情，就是要让我在艰苦环境中锻炼成长。在他的严格要求下，我进步很快，18岁就入了党，获得过"五好战士"荣誉称号，还多次受到部队嘉奖。父亲对我的严格教育，让我受益终身。

部队派给父亲的专车，他除了公事以外，私事从来不坐，更不会用公车接送子女。父亲的这种原则，潜移默化地感染了家人，我们兄妹外出都习惯了乘坐公共交通工具。我在部队军事训练投手榴弹时右臂受伤骨折，驻地卫生医院医疗条件有限，建议转院。我托人寄信告知家里病情，父亲得信后，让我回吉林治疗。记得从嫩江到吉林下火车时已经是晚上九点多钟，又正值寒冬腊月。此时已经没有公共汽车可坐了。我不敢违反父亲的用车原则，于是就挎着受伤的胳膊，走了十几里路回家，到家已经是半夜了。母亲见到后，心疼地掉眼泪，父亲虽未说什么，但我能感到他的担心。父母对我们兄妹就是这样的严管厚爱。

图为 1970 年初巩志兴与母亲岳淑媛合影

第三件事是父亲知足乐观的精神。大约在 20 世纪 80 年代中，他刚刚离休回到他的老家唐山市，看望他的许多老部下、老战友（四十六军的底子是冀东军区，许多军、师、团、营的离休干部都在唐山、秦皇岛干休所。）有一次他与这些昔日的老战友聚会。有的老部下一边喝酒，一边发牢骚，有的说自己这么多年职务提升太慢，应该是正团，应该是副师……我父亲说，我不是政工干部，也不会讲什么大道理。不过你看看和你一个村参加革命的，还有多少人活着回来的？还有不少人负伤回到老家，不就是个农民吗？他们和你比不了哇？！想想他们，你还有什么牢骚可发的！你现在是离休干部，工资百分之百，医药费报销百分之百。咱们都是很幸福的了！咱们那么多老乡与你一同参军的，不有许多在打天津时牺牲了吗？顿时那些发牢骚的老部下哑口无言了。

第四件事是我们的家庭会议。我们这五个兄妹，在各自走上工作岗位后，每一次家庭团聚，欢乐之余父母总要开一个家庭会。从谈个人和家庭到国家和社会，从过去、现在到将来几乎无所不及。这个家庭会持续了几十年，我们也从开始的胆怯、谨慎到谈吐自如，这个家庭会使我们对原本还有些陌生的父亲逐渐有了更多更深的了解和认识，使我们不断从父母身上汲取人生最需要的营养，使我们这个家庭更加和睦美好！

图为 1999 年春节巩玉然全家于青岛合影

父亲的家庭情况和参军经历

　　1918 年 9 月 30 日父亲出生在河北省遵化县鲁家峪村。爷爷巩会文，奶奶巩张氏。父亲兄妹五人，大哥巩秀波、二哥巩俊余、三哥巩鹏飞，父亲排行老四，下面还有一个妹妹。一家人以务农为生，相依为命，艰难度日。后来家里仅有的两亩山坡地，因还地主债务被迫卖掉。之后就靠租用地主徐树芳的四亩薄地勉强维持生活，住房也是租徐家的，终因高利盘剥生活难以维持，父亲和大伯父、三伯父闯关东到了奉天（今沈阳市）做泥瓦工，打工谋生，由于收入微薄，还是难以养活全家。九一八事变后，父亲和大伯父、三伯父只好回到老家。三伯父在县里谋得一警察职位。爷爷和大伯父外出干活，父亲留守家里，成为唯一男丁。为了养家，父亲夏天贩运水果，冬季贩运粮食、木炭维持生活。

1938年秋，冀东地区在中国共产党领导下，先后有20万人参加了抗日大暴动。三伯父巩鹏飞于当年春天辞去警察职务，回家参加了秘密抗日工作，而后参加了抗日大暴动，在与日伪战斗中牺牲。1939年晋察冀第十三军分区（简称冀东军分区）成立，以鲁家峪为抗日根据地。在我党我军抗日政策的影响与感召下，同年父亲参加了村抗日政权组织，任武装班长。1941年，侵华日军对冀东抗日根据地进行大扫荡，制造了震惊全国的"鲁家峪惨案"，奶奶遭日本人杀害！面对国仇家恨，父亲毅然参加了八路军，成为冀东军区独立旅的一名战士。

父亲革命生涯的几个片段

我小的时候，很少听父亲讲他当年的战斗故事，也许是他太忙，也许是那段历史有太多他不愿回忆的伤痛。只是听周围的叔叔阿姨们告诉我：你父亲是战斗英雄！我看着他那断掉无名指的右手，望着他脸上那个明显的子弹贯穿留下的伤疤，我知道那里面埋藏着太多太多的故事……

片段一：父亲参军不久，他所在的部队就和日军打了一场遭遇战，战斗很激烈，打到最后双方展开了白刃战。当年日本人曾评估：在拼刺刀这项军事技能上，日本一个士兵可以对抗八名中国军人。但在父亲面前，这个评估完全逆转！他一个人用刺刀拼杀了四个日本鬼子。后来他和我们兄妹说，最后那个日本鬼子因为太紧张，突然一个前扑摔倒在他面前，他来不及思考，端起枪刺对着这个鬼子头部扎去，刺刀竟然穿透钢盔扎进鬼子的脑袋。他告诉我们，那场战斗下来，他的牙痛了整整一个星期，那是他自己咬牙咬的。

片段二：原沈阳军区军医学校的校长李文林叔叔是父亲的老战友，他给我们兄妹讲过父亲的故事。一次战斗中，敌人的子弹打中了父亲的右手，当时来不及治疗，父亲只是简单包扎了一下就继续参加战斗，战斗结束后，伤口已经感染，手臂已经发黑了，卫生队长要把他的右臂锯掉，他找到李文林叔叔，求他看在老乡的份上保住他的胳膊，说没了这条胳膊怎么打枪呀！李叔叔感动了，想了很多办法，只切掉父亲右手的无名指，保住了父亲的右臂。

片段三：在一次反扫荡战斗中，日军的枪弹从父亲的右脸打进去，击碎了牙床，从左腮穿了过去。父亲当场就晕了过去，李文林叔叔他们赶紧给父亲做了手术，手术做完了，父亲还没醒过来，日本鬼子已经围住了村庄，李叔叔找到了一辆毛驴车，把父亲放在车上，赶着车硬着头皮向外冲！没想到还真冲出了日本鬼子的包围圈！保住了父亲这条命。

片段四：1949年1月14日，中国人民解放军以摧枯拉朽之势，向国民党天津守敌发起总攻。

四十六军担任城东南突破任务。父亲时任四十六军一三七师四〇九团副团长，直接负责指挥突击营在前沿战斗。战斗发起后，父亲将指挥所搬至距敌阵地仅有200米距离的地方。四〇九团突击营二连的战士冲过护城河，突破三道铁丝网后，从护城河以东地段率先登上城墙，并迅速占领有利地形。此后连续击退敌人十余次反扑，战至全连只剩20人。经过四十六军全军将士十几个小时的浴血奋战，至15日4时攻占了前后尖山，突破了国民党军城防，打开了进攻市区的南突破口。在这次战斗中，四十六军有2424人负伤，419人牺牲，鲜血染红了城垣河床。

在20世纪八九十年代，敬爱的皋峰伯伯（时任四十六军一三七师四〇九团政委，后任四十六军副政委）和父亲与在津参战的老战友们多次战地重访。他们仔细勘察当时战斗中重要的突破点、部队展开进攻的具体位置，指认战斗最激烈的重点区域，甚至指点英雄们英勇献身的具体位置……捧起一抔泥土，他们老泪纵横；望一眼护城河水，他们思绪万千；他们相互印证着战斗的过程、突破的细节、牺牲将士的名单。

这些老前辈在与当地政府沟通时，曾经明确表示：请主管部门给这些烈士们留块儿地，在那里立块石头，再写上几行字，我们这些老同志凑钱也行呀。如此纯朴的语言，却是最真情的表露！

在父辈的多次呼吁下，2002年天津市政府在复兴河岸边修建了解放天津突破口纪念碑。2009年纪念碑被天津市委、市政府命名为天津市爱国主义教育基地。

在革命战争时期，父亲参加过较大的战役战斗有数十次，其中主要有抗日战争中消灭日本关东军一〇一师团建制之春田中队的战斗，解放战争中参加东北人民解放军1947年的秋季攻势、锦西五岭山阻击战、辽沈战役中突破锦州、平津战役中突破天津、渡江南下的衡宝战役以及抗美援朝西海岸防御和三八线的战斗等。"身经百战，九死一生"是父亲在战争年代的真实写照，他全身七处受伤留下的疤痕，一份二等甲级残废证伴随他终身。战争炼就了他刚毅勇敢的性格，在最危险的时候，他总是第一个冲上去。战争的场景已经深深地刻进了父亲的记忆，甚至在他弥留之际，一天突然怒目圆睁，挥舞着拳头，高声呐喊："冲呀！杀呀！再不拼命就完了！"这是他在临终恍惚时想起了突破天津时他身后军师首长们焦急的目光，想起了英勇牺牲的一营营长郭洙亮、三营副营长白萍和随着那冲锋号声还在不断倒下的八百壮士……（仅四〇九团贰伤亡了836人）

父母那一代的共产党人，他们身上那种精神和品格是我们这个民族、这个国家和这支军队的灵魂，也正是习近平主席反复提倡不能忘却的"初心"。他们于公，为党为国家贡献了自己的一生；于私，在家庭生活中给我们留下了有国有家、仁爱孝悌、勤俭宽厚、诚信和睦、坚忍力行的美德！父辈之美德，儿女之遗产。这已成为我们的家风，更是我们立身、立家、立业之本

附记

玖志兴,1953 年出生,河北省遵化人,中国市政工程华北设计研究总院原党委委员、工会主席,高级工程师。天津市五一劳动奖章获得者。1969 年入伍当兵,1975 年复员。1980 年至 2013 年在中国市政工程华北设计研究总院工作。

图为玖志兴接受采访

图为玖志兴（左三）与采访人员合影

父母的坚强让我终身难忘

◆ 朱建新、朱晓黎口述　张一拓整理

受 访 人：朱建新、朱晓黎（朱永山之女）

身体状况：身体及精神状态良好

现 住 址：广东省广州市天河区

采 访 人：时昆、王蔚、张一拓、马楠

采访时间：2023 年 8 月 10 日

采访地点：广东省广州市天河区

朱永山
（1921—1964）

朱永山，陕西省西安市未央区草滩镇人，1921 年出生 1938 年 2 月入伍，同年 8 月加入中国共产党。入伍前在西安市二中读书时于 1936 年在校参加抗日民族先锋队。

入伍后的简历如下。

1938 年 2 月由八路军西安办事处介绍赴延安抗日军政大学学习，学习期间曾任班长、区队长；1939 年任山东抗日军政大学山东一分校民运工作队分队长；1941 年任山东鲁中军区独立营营长；1942 年任鲁中军区一团作战股长；1943 年精兵简政后任鲁中军区一团一连连长；1944 年任鲁中军区一团二营营长；1945 年任东北野战军第四纵队十一师三十三团副团长；1947 年在收复安东后调安东军区教导大队任大队长；1948 年东北野战军成立五纵，朱永山同志调五纵第一二六师任一二六师参谋处处长。当年辽沈战役时该师三七七团团长石坚牺牲，朱永山同志代理团长职务，指挥了吴良店战斗，战役结束后任三七七团长至1951年秋。任职期间于1950年10月随军率团参加抗美援朝战争。

1951年冬任中国人民志愿军第四十二军教导大队大队长；1952年任一二六师参谋长；1953年任一二六师第一副师长兼参谋长；1955年7月至1957年7月在南京军事学院指挥系学习；1957年7月毕业后任四十二军一二五师师长直至1964年3月15日逝世，终年43岁。

朱永山同志曾荣获朝鲜三级国旗勋章一枚。1955年被授予上校军衔。1957年被授予三级独立自由勋章和三级解放勋章各一枚。

图为朱建新和妹妹朱晓黎

我父亲朱永山是陕西西安人，1921年11月生。父亲就读于西安一中，他的老师是共产党员，在老师的影响下，父亲逐渐树立了革命理想。1937年他跟随老师和一批学生去往延安，不幸的是，在去延安的路上被国民党兵截住了，关了一段时间，后来看都是一帮学生就给放了。1938年在八路军西安办事处的帮助下他们终于到达延安，并进入延安抗大学习。学习期间父亲曾任班长、区队长。毕业后父亲被派到山东沂蒙抗日根据地，担任抗大一分校民运队分队长，

后担任过鲁中军区独立营营长、鲁中军区一团作战股长和鲁中军区一团二营营长。我母亲是山东临沂沂南县人，1940年参加革命，同年加入中国共产党，1940年在山东抗大一分校学习，毕业后任临沂县妇联主任，1946年调入四野五纵，历任机关干事、股长、军卫校政委、军托儿所所长等职务。母亲参加过辽沈战役和抗美援朝，1954年转业到广州铁路局，1982年离休。

他们这一代人都经历了生死考验。母亲曾经跟我说起抗战时的经历。一次鬼子对沂蒙根据地大扫荡，而她正好在这一地区做群众工作，村子被鬼子包围，形势很危急。她当时是短头发，八路军装扮，如被鬼子抓住后果不可想象。母亲飞快跑回自己家躲藏，机智的舅妈让母亲躺在西边小黑屋里的床上装病，把尿壶放在屋里，屋里臭气熏天。鬼子来了，问屋里有什么人，我舅妈说是伤寒病人，鬼子挑开门帘，看见床上躺的人面色蜡黄，屋里臭烘烘的，没有细究满脸厌恶地走了，我妈妈就这样得救了。母亲一辈子都很感激舅妈的救命之恩。

在战争中我父亲也多次负伤，是二等乙级残废。让他致残的战斗发生在1943年9月的蒙阴战斗。当时他任连长，在抵近日军的前沿阵地，准备对敌发起冲锋时被敌人的子弹击中左手腕，打断了动脉，血流不止。父亲不顾伤痛率战士们向敌进攻，战斗胜利了，他却因流血过多昏倒了。后经抢救父亲保住了命，但也因此致残。

关于父亲在战场上的表现，他从来没有对我们说过。我们有限的一些记忆很多是他的战友描述的。我父亲是1945年到东北的，时任四野四纵十一师三十三团副团长，后调到安东军区教导大队任大队长。其间，参加了"三保临江""四下江南"等战斗。1948年成立五纵时，父亲调到一二六师任参谋处长。1948年辽沈战役时，一二六师三七七团团长石坚在作战指挥时，在房顶上使用望远镜察看敌情，因望远镜的反光而被敌人狙击牺牲。当时我父亲在三七七团检查工作，看到团长牺牲，便主动担负起指挥责任，很好地完成了作战任务，由此继任三七七团团长。1949年安新战役时，我父亲率团负责清理壕沟及外围固守之敌,他身先士卒跳进3米多深的壕沟向敌人发起冲锋,消灭了顽敌。但我父亲也摔断了肋骨,留下后遗症,最终发展为肺癌。抗美援朝期间,四十二军是第一批入朝的,我父亲随军打满了五次战役。其间他指挥了两场有影响的战斗:1950年12月第三次战役发起的第一天,我父亲精心策划,指挥三七七团九连涉过6条冰河,翻过20多个山头奇袭并全歼敌一个炮兵连,以缴获的敌火炮向敌进攻。战后该连被授予"军政双胜连"。第四次战役中他指挥的三七七团二连坚守阵地五昼夜,打退了敌人两个营,34辆坦克和20架飞机的联合进攻,毙敌220余人。该连被授予"宝龙里守备英雄连"称号。

父母辈对子女的影响

回忆起父母的事迹,总给人一种精神上的洗礼。父母那种愿为党和国家奉献一切的自觉,那种不畏艰难、勇于奋斗的精神,那种坚持原则、敢于斗争的作风,那种与群众打成一片、不忘初心的品质影响和指引着我们的工作和生活。我父亲在读中学时就受到革命思想的影响,从此立志革命,坚定地跟着共产党走。我们还记得父亲临终前嘱咐母亲:我的病很少见,把我的遗体交给医院,我要报答党对我的培养。他把一切毫无保留地交给了党!

我们家兄弟姊妹六人,大姐1943年出生,正是抗战最艰苦的时期,敌人频繁扫荡,所以母亲到敌占区将大姐生下来,满月后将大姐送到沂蒙老乡家里抚养。抗战胜利后,父亲所在部队开赴东北,母亲是地方干部留在山东。后来山东省委组织地方干部去东北,母亲就把我大姐从老乡家里接出来到爸爸所在部队参军。一直到1948年,东北局在哈尔滨成立了东北民主联军南岗干部子弟学校,大姐到学校才结束了随军的动荡生活。学校随着四野大军南下直到武汉才安定下来。

1952 年底四十二军从朝鲜回国来到广东，担负起保卫祖国南大门的重任。母亲转业到广州铁路局工作，父亲所在部队驻扎在粤东地区，很少回家，一家人团聚的时间很少。那时新中国刚成立不久，因国家建设需要，很多农村人到城市参加了工作。我记得当时有亲戚朋友找到父亲，有要求介绍工作的，有想帮忙安排什么的。父亲说你们自己考吧，能考上就上，考不上他也没办法，没有说凭自己的关系帮忙。

1957 年父亲到南京军事学院学习，我们全家就搬到了南京。在南京的几年时间，条件虽然艰苦，但父亲每周可以回一次家，这也是我们一家人在一起最幸福的时光，因为可以每星期见父亲一面，一家人可以其乐融融地团聚。

1958 年全国粮食紧张，在山东的舅舅、舅妈就带了几个孩子来投奔我们，因为那边粮食不够吃，到我们家来度荒，但是我们家的粮食定量也就那么多，没办法，就去买土豆、地瓜这些便宜的粮食。一斤粮票可以买八斤地瓜，我家和舅舅家一起吃。我记得爸爸买了两麻袋的土豆，让我哥哥姐姐上学拿两个土豆当干粮，当时就是这样过来的。从来也没说靠父亲的关系拿东西拿回家接济。

1958 年我大姐初中毕业，保送上了高中。爸爸带我大姐、哥哥和二姐回陕西老家，到了陕西后，父亲让她们跟着堂姐们一块儿下地干活。

父亲是 1964 年 3 月去世的，不到 43 岁，时任一二五师师长。父亲过早离世特别令人惋惜。本可以在部队有番作为，但由于战争年代受伤严重，而且那时候得不到好的治疗，一直拖着，越拖越严重，以至于英年早逝。父亲走时只有大姐参军上学，不需家里负担。当时老二向军 17 岁，最小的弟弟铁军只有 9 岁。又因父母的老家都在农村，每年还要给予接济，可以想见母亲的负担有多么重。虽然国家给补贴，但每到开学交学费时，母亲仍觉手头很紧，即便是这样，母亲也从来没有向组织诉过苦、要过补助。孩子一到了 18 岁，便主动放弃补贴。

住房问题一直困扰着我们家，因我们家孩子多，母亲所在单位的宿舍小，不够住，父亲单位不在广州，没有房子提供给我们住，妈妈只能找战友和朋友帮我们在广州找房子住，所以我们经常搬家。有一次，搬去的那个地方条件很差，房子很小，连床都没有，母亲就拿凳子、板子搭一下将就。可以说，母亲用她的坚强影响了我们的一生。

我记得有一次母亲单位调工资，她说比我困难的人还多，就不申请了，那时候她在广州铁路局当审干办公室主任，资历、能力都够条件的，但母亲就是这样一个人。

我们几个做子女的也都很争气，1961 年大姐凭借优异的成绩被保送到上海第二军医大学，毕业后先后在三十八野战医院和第一军医大学南方医院工作，是消化内科全国知名教授，曾任全国消化内镜学会常委和广东省消化内镜学会主任委员。老二向军被选上做了飞行员，1965 年 7 月进入海军第一航空学校学习飞行，1968 年 3 月毕业，先后在东航独立三大队、北航独立六团工作，参加过我国第一次洲际导弹试验海上救援工作。1982 年向军调到中海直工作，担任飞行作业处副经理兼飞行队队长。1985 年 10 月 5 日，因抢救渤海石油公司海上钻井平台受伤工人而牺牲，年仅 38 岁，那一年他的儿子还不满 6 岁。老三向霞1968 年 2 月参军，1979 年转业到中国社会科学院工作，退休后仍笔耕不辍，出版了两本书：《做客南极》和《陪你到地老天荒》，书中图文并茂，受到了读者的欢迎。老四晓黎 15 岁被广东电视台选中做了播音员，曾是广东电视台的新闻主播，主持《岭南风貌》《国际纵横》栏目，还和中央电视台著名主持人张宏民一起主持名动一时的"明星演唱会"共 18 场次。老五向慧于 1969 年（15 岁）入伍，1973 年被部队选送到广东中山医科大学深造，毕业后在三十三野战医院、一五七医院传染科当医生，退伍转业到广东省轻工业进出口贸易公司做科长、部门经理，直到退休。老六铁军 1971 年（16 岁）入伍，复员后在铁路上工作，曾任广铁分局团委书记和机械保温车辆段党委书记。我们兄弟姐妹之所以能在各自的工作岗位上发光发热，就是受到父母的影响。父母总是告诫我们要自强自立，要成为革命的接班人，不要给父母丢脸。

向军的牺牲对母亲的打击很大。还记得，我小弟带着中海直广州办事处主任一进家门，母亲就说：我儿子出事儿了。当时我们都不懂母亲为什么这么说。战争期间的军人包括家属可能都经历过这些。这脚步声是什么呢？是部队来给家属报信的，在部队经常有人牺牲，这是作为家属特有的直觉。现在回想起来，他们这一代人真是很了不起，经历过战争的这种生离死别。

母亲带着我们去天津中海直公司处理哥哥的后事，公司以为家属会来闹事，派了很多干部来接待我们，没想到母亲询问了向军出事的情况后，流着眼泪说：干革命哪有不牺牲的。接待的干部们都佩服母亲的坚强。等那些干部走后，母亲才大哭。我们知道向军是母亲最疼爱的儿子。爸爸走后向军说：我是长子，从此以后我要担起照顾妈妈和妹妹、弟弟的担子。他一改过去贪玩的脾性，积极上进，无论是在航校还是毕业后当海军航空兵，都很优秀，多次立功受奖。他对母亲很孝顺，对弟弟妹妹照顾有加。他的牺牲对我们全家是巨大的打击，但最痛苦、最需要安慰的是母亲。一生的难苦母亲都经历了，但母亲都坚强的走过来了。

后　记

平津战役纪念馆的这次采访我觉得很有意义，父辈们是一个英雄的群体，你们采访的每个人身上都有这种经历，我和大姐从小没听他们讲这方面的事迹，因为大家都一样，身边每个孩子的爸爸都是身经百战。谁的爸爸没打过仗？我爸负过伤，手还断了，身边都是这样的经历。而且现在父辈的这一代基本都已经不在了，采访我们也属于抢救性的，也许获得的信息不多，但往往只言片中的几句话也会很有价值。

　　这些事你们要不问，我们可能永远也不会说，我觉得你们现在进行的红色教育很重要。因为现在到了儿、孙辈追求的东西完全不一样，再不教育可能就晚了，就都忘了。现在进行革命文化教育和宣传是很有必要的，国家和民族是需要传承的，传承什么？就是传承这种革命精神。像这些人、这些事，你们不来问，可能就慢慢淹没在历史长河中了。像父亲这些人，从他们当革命军人，在战争年代为祖国的解放事业奋斗、献身，成功了没有居功自傲，没有说把这个当成特权给子女谋私利、为自己谋私利，这就是他们那代人的精神特质。

图为平津战役纪念馆副馆长梅鹏云参加采访

图为朱建新（左三）、朱晓黎（右二）接受平津战役纪念馆
口述史团队采访

率部金汤桥胜利会师

◆ 朱丽萍口述　王蔚整理

受 访 人：朱丽萍（朱月华之女）

身体状况：身体及精神状态良好

现 住 址：广东省广州市

采 访 人：时昆、王蔚、张一拓、马楠

采访时间：2023 年 7 月

采访地点：广东省广州市

朱月华
（1922—2008）

采访朱阿姨时临近当天中午，朱阿姨也是当天第三位受访者。她看到我们采访团队一上午都在忙碌，贴心地让我们吃口点心、喝点水，休息一下再继续采访。于是我们慢了下来，玲听朱阿姨的讲述……

图为朱丽萍

　　我父亲叫朱月华，原名朱世恒，江苏连云港市赣榆县班庄镇朱孟村人，1922年2月7日出生。我的爷爷奶奶在当时是非常重视教育这件事的，他们把我父亲送入私塾学习，打下了良好的文化基础。16岁时我父亲成为一名私塾老师。

图为解放战争时期一纵二师五团合影
（左三为朱月华）

　　1940年1月，在日寇侵华、国家危难之际，在私塾教书执业的父亲目睹日寇占领家乡的滔天罪行，激起了强烈的民族仇恨，毅然投笔从戎，参加了八路军，成为一一五师东进支队二大队二营机枪连的一名战士。当时这支部队是梁兴初率领的。我父亲在部队努力提高政治觉悟和军事技术，作战勇敢，工作认真，又有文化，深受首长和战士们信任，先后被组织选派到旅教导队和抗大一分校学习，从战士到班长、排长、副连长、团司令部参谋、连长，先后参加了班庄、门楼河、日照、殷庄及滨海地区反"顽"、反"扫荡"等战役战斗。抗日战争的烽火把父亲锤炼成一名优秀的基层指挥员。

　　抗日战争结束后，我父亲他们随山东军区二师五团在滨海坐船从山东一路颠簸到了东北。东北一一二师是步行通过河北山海关出关的。而我爸爸他们是坐船，一路晕船非常难受。到了东北，他们的部队就改名为东北联军。

1946 年 4 月，在四平保卫战外围柳条沟阻击战中，他带领红一连与敌主力新一军部队激战，在坚守阵地中，取敌弱势，攻其不备，亲率一非迅猛实施反冲击：“攻占敌连部，歼敌 10 余人，活捉敌连长。”1948 年 3 月，我父亲带领二营（所在团队已改称东野一纵二师五团）参加了解放四平的战斗。那次战斗打得特别艰难，我父亲在那次战斗中负伤严重，子弹从左脸颊穿过去，把牙齿全部打掉。从那以后他就安了假牙，子弹如果稍微再往上一点也就牺牲了。可以说，十八九岁年轻的小伙子，脸上从那以后就留下了一道一生的疤痕。我们今天看到老父亲的照片，表情都很严肃，嘴角有点歪斜，就是这个伤痕导致的。在追歼四平外围敌警戒部队的战斗中，他右大腿又中弹负伤，仍然继续指挥战斗。后来我看到了父亲腿上的大疤。我父亲侥幸没有牺牲，也是他这么一路用鲜血、用生命打出来的。

1948 年，部队进行整编，我父亲任三十八军一一三师三三七团参谋长。部队奉命入关后，上级将解放天津的主攻任务交给了三三七团。受领任务后，我父亲组织部队进行战前战术突击训练，为解放天津创造条件。在解放天津的战役中，我父亲担任团参谋长，与其他团首长一起率领部队勇猛冲击，第一个将红旗插上天津城头，首先占领战役会师点——金汤桥，胜利完成了上级交给的任务，受到军通令嘉奖。

图为抗美援朝第二次战役穿插三所里途中，三三八团召开党委扩大委会

1950 年 6 月，朝鲜战争爆发。我父亲被任命为三十八军一一三师三三八团团长。他担任团长的三三八团发扬不怕苦和连续作战的作风，奉命作为前卫团向敌后穿插迂回，以一夜在山岭间急进 145 华里的高速度，先敌五分钟抢占了指定位置——三所里，与敌顽强血战一整天，为阻击美军南逃北援立下了奇功。三十八军大胆穿插迂回敌后作战，对第二次战役的发展和胜利起到了关键性作用。志愿军司令员彭德怀亲自起草电报，通令嘉奖三十八军："此战役克服了上次战役中个别同志某些过多顾虑，发挥了三十八军优良的战斗作风。尤以一一三师行动迅速，先敌占领三所里、龙源里，阻敌南逃北援。敌机坦克各百余，终日轰炸，反复突围，终未得逞。至昨，三十日战果辉煌，计缴仅坦克汽车即近千辆。被围之敌尚多，望克服困难，鼓起勇气，继续全歼被围之敌，并注意阻敌北援。特通令嘉奖并祝你们继续胜利！中国人民志愿军万岁！三十八军万岁！"从此，三十八军"万岁军"名扬天下。

在三十八军开展创造"英雄部队"活动评比中，三三八团一营、二连、五连、三营机炮连荣获了"英雄部队"称号（为全军各团之冠），并均荣获志愿军司令部政治部记一等功奖励和"攻守兼备"锦旗一面。我父亲与团政委邢泽也双双荣立个人二等功。

1978 年 6 月，我父亲调任驻守祖国南疆的五十五军任军长。12 月份到广西集结，奉命率五十五军参加了中越边境对越自卫反击作战。

我们一家人都是军人，我母亲也曾入朝参战。我父亲对子女要求特别严格。我父亲作为军事干部，平常很严肃，一心扑在工作上，很少管我们这些孩子。我在东北出生，在东北长大。沈阳军区在东北成立了两个八一子弟学校，学校在长春，那时候我要坐火车去上学。我七岁就住校，半年才回一次家。我当时还小，到学校一天到晚地哭，不能跟班。学校老师特别好，领着我在校园里散步，分散我的注意力。一个星期以后我才回班里上课。1967 年部队换防到河北保定，我又随父亲到河北驻防当地的东方红小学继续上小学。有时候我都觉得父亲对我们苛刻得有些不近人情，作为子女我们更多的是敬畏，且他对我的影响是潜移默化的，就是要靠自己，要自己努力。后来我参军、当军医都是靠着自己的努力一点点实现的。父亲直到去世都很少对我们讲他自己，我们子女都是退休以后看网上的回忆文章来一点点了解的。

图为朱月华与家人合影

图为朱月华夫妇与女儿的合影

图为回忆父亲的点点滴滴，动情处，朱阿姨潸然泪下

图为平津战役纪念馆采访团队与朱阿姨合影

父辈的传承

◆ 武志 口述　张一拓 整理

受 访 人：武志

身体状况：身体及精神状态良好

现 住 址：广东省广州市天河区

采 访 人：时昆、王蔚、张一拓、马楠

采访时间：2023 年 8 月 11 日

采访地点：广东省广州市天河区

武祚春
（1926—2016）

图为武志

　　我出生在一个军人家庭。父亲叫武祚春，山西武乡人，1926 年生，1940 年参军。平津战役期间在第四野战军四十二军政治部工作，后随部队南下，之后又参加了抗美援朝。我的父母是 1952 年在朝鲜结的婚。回国后，先后在广州军区、湖南省军区工作，最后在零陵军分区政委任上离休。2016 年去世，享年 91 岁。我母亲谭家玉，是 1949 年在四川万县入伍，参加了抗美援朝。今年 95 岁，身体尚好。我本人 1959 年出生，1976 年上山下乡，1978 年入伍。先后在军队院校、野战军和省军区工作，2017 年退休时任佛山军

171

分区司令员。我跟许多部队子弟一样,生在部队,长在部队,又在部队工作了一辈子,所以我对军队老干部的精神特质和传承有一些切身体会,感觉比较突出的有以下几点。

第一,军队老干部对共产党、毛主席感情很深,政治信念坚定,党性强。他们不仅在政治上对自己要求很严,对子女也特别注重政治精神方面的传承。他们对子女的教育、学业上管得不多,主要突出在政治思想上。所以军队的干部子女大都从小受到的政治熏陶、政治教育比较多,他们的世界观、价值观、人生观受党和军队的教育和影响很深,绝大多数的军队子女在政治立场上、政治态度上都比较坚定。其特点是越是年纪大一点的人,政治意识越强,思想基础就越牢固。比如20世纪50年代初出生的人,就比50年代末出生的人思想更加正统,50年代出生的人又比60年代出生的人在政治上更加成熟。这就是为什么60年代出生,特别是改革开放后成长起来的一些人,犯错误的概率要高一些的原因。当然,军队干部子弟也有一些人犯了错误,但相对而言要少一些,我没有统计过,只是个人感觉。这就是成长环境和教育基础不同带来的特点。在我接触的很多军队干部子弟当中,思想自由化的比较少,坚持四项基本原则立场的比较多。而像参加缅怀先烈等纪念活动,很多军队干部子弟都是比较积极的。像这次到安阳参加纪念活动,召集人一号召,大家都是踊跃的、自费的,从四面八方坐飞机、坐火车、自驾而来。参与这样的活动,大家的热情都很高,大家有很多共同语言和感情上的共鸣,就是因为他们从小受教育是相似的,成长的环境是相似的。过去部队都是相对独立的军营,学校都是八一学校,生活在同一个环境,跟地方联系不太多,这些人的思想相对单纯一些,所以他们的政治思想品格都差不多。他们开展这些纪念活动,政治上也很单纯,没有什么个人利益的诉求,也很少发牢骚、说怪话,很少说谁谁谁当了什么官、发了什么财。这些人在一起一般不讨论这些。他们不太注重物质,但比较注重荣誉,喜欢讲党史、军史上父辈的一些事迹,热衷于探讨一些军事啊、战争啊、民富国强啊,生活琐事讨论得很少，这种氛围感觉在其他社会群体当中是比较少的。他们为什么会有这些特点呢？这就是父辈的传承啊！存在决定意识，什么样的家庭、什么样的成长环境对后代的精神传承有莫大的影响。

第二，军队老干部对后代的教育，主要的特点是注重身教，言教比较少。老一辈人当兵打仗，都是从枪林弹雨中打过来的，大部分文化程度不高，不习惯讲大道理，更不擅长长篇大论。解放后搞建设也是风风火火，忙于工作。那个时候没有双休日，单休日都不一定保证得了。20世纪80年代我刚参加工作的时候，晚上都要上班。所以那个时代的军队领导干部很少有时间管家、管孩子，对子女的教育也很少有大块的时间坐下来慢慢讲道理，平常生活琐事很少管，要管就是政治上、思想上、品质上的大原则问题。要讲也是一两句，没有长篇大论。战争年代，带兵打仗靠的就是冲锋在前，养成的习惯就是简单的一两句话。所以那个时候我们父辈很少专门坐下来跟你长谈，讲得都很简单。有时候小孩犯了错误，处罚也是军事化的。大多时候遇到问题，他们不需要讲，他们就是这么做的，他们就是这样的人，周围各个家庭的父母都这样，青青的革命精神的样子，你都可以耳濡目染、潜移默化，不用刻意学以他们为榜样。所以说革命精神的传承主要不是靠说，而是靠做，自己做好了，后辈就会受到影响。现在这个环境条件，变化很大，物质极大丰富，金钱滚滚而来，要传承这种红色精神确实不容易。现在党中央开展的红色教育，倡导爱国主义、英雄主义是非常必要的。像我们这次在安阳开展解放安阳的纪念活动，安阳市委组织宣讲红色故事的活动很生动，宣讲团虽然不是专业演员，但是经过精心准备，几个人讲得声情并茂，还是很感人的，效果很不错。这种形式应该在学生、青少年当中多搞一些。青少年要多了解革命历史，他们听多了、看多了，脑子里有了那个存在，才会有那个意识。就像我们从小长大的环境，父母是那个样子、身边的叔叔阿姨是那个样子，甚至大一点的同学也是那个样子，思想情怀都是潜移默化的。现在青年人的教育要更加注重形式上的代入感，切合青年人的特点。现在这个历史条件，怎么做到身教重于言教，很值得研究。老一辈人并没有多少说教就可以把他们的革命精神传承给下一代，现在的人又怎么把这种精神传承给下一代？

第三，军队老干部比较注重子女的艰苦朴素，吃苦耐劳，不搞特殊化的教育，人品定位比较高，经常灌输子女大公无私、艰苦奋斗、不怕艰难困苦的英雄主义思想。老干部都是从战争年代过来的，艰苦奋斗，与人民同甘共苦，都是他们的本色。所以对子女这方面的要求比较严格。我当兵的时候印象比较深的，是军队的干部子弟参军的比较多，有一些普遍的特点，就是艰苦朴素和吃苦耐劳的精神比较强，人品比较正直。但这些人也有许多弱点，比如日常小毛病比较多，有时候不太听话，个性比较强，是非观念很较真，没有城府，不谙人情世故，不会吹牛拍马，不懂跟领导搞好关系。但是有一个明显的特点，就是普遍训练很刻苦，劳动很卖力，不怕脏、不怕累，敢于吃大苦、耐大劳。危难时刻敢于拼搏，迎难而上。大多数人学军事很快，一学就会，甚至不学就会，因为很多人从小听到的、看到的、喜欢的都是这些东西，所谓"兵家儿早识刀枪"。小的时候喜欢逞强斗勇，到了部队学军事也很刻苦，所以军事技术普遍比较好，战备训练任务完成得比较出色。有点两头冒尖。一方面，人品正直，吃苦耐劳，战备训练很好；另一方面，细微方面的作风纪律、个性毛病比较多。所以很多干部子弟尽管个人素质很好，但在部队进步不快，而且他们的父母很少为他们拉关系、走后门，争取入党提干，都是严格要求、不搞特殊化。我个人认为当时军队干部子弟当中有很多素质优秀的好苗子，最后在军队没有发展起来而离开部队，是一件很遗憾的事情。如果是战争年代，这些人应该会出很多将帅或者战斗英雄。因为他们骨子里都有着红色的基因。

图为武志接受平津战役纪念馆口述史团队采访

图为武志与平津战役纪念馆口述史团队合影

175

我的炮兵生涯

◆ 冯国声口述　时昆整理

受 访 人：冯国声

身体状况：身体及精神状态良好

现 住 址：北京市朝阳区

采 访 人：时昆、赵方秀、刘立坡、
　　　　　武思成、宋福生

采访时间：2019 年 5 月 27 日

采访地点：北京市朝阳区

冯国声
（1924—　　）

　　初夏的北京，空气中弥漫着南方绿植的气息，我们采访小组特意选择了北京全年气温最舒适的时候来拜访冯国声老人，之所以选择这一时节，是因为冯老已经 96 岁高龄了，是我们采访过的老人中年龄最大的一位。路上，我们一行人都在猜测冯老的样子，揣测着采访能否成功。

　　当我们走进冯老家的时候，开门迎接的老人颠覆了我们对将近百岁老人的以往印象。冯老热情健谈，精神矍铄，寒暄之后，我们准备进入正式采访阶段。然而冯老并不同意，执意让我们几个先喝点水，吃点水果，休息一会儿再正式进入采访，一下子轻松的氛围缓解了我们一路的不安和疲惫。

　　冯老的善良温情和超快的语速，让我们愈发想了解这位参加过天津解放战斗的老炮兵究竟有着怎样的人生经历。下面就让我们跟随冯老一同回顾他的炮兵生涯。

　　我叫冯国声，祖籍河北，今年96岁了，农历二月份的生日。我小时候家里有五口人，爷爷、奶奶、父亲、母亲和我，没有其他的兄弟姐妹。父亲在我10个月时因病突然去世。我从小在姥姥家的杨各庄读书，姥姥家五个孩子，我母亲老大，最小的老舅只大我一岁。

　　我只读到了四年级，就来到了阳城镇读高小，当时老舅同去，一直读到我13岁毕业。毕业后不久，就发生了七七事变。我目睹了日本人在村子里的烧杀抢掠，房屋一夜被毁，全家居无定所，从小心里就留下了仇恨种子，同时也萌生了参军当兵的想法。

　　由于我有高小的文凭，在当时也算学历高的人，经村子里有声望的人介绍，几经周折来到了抗大二分校附中边当兵边学习。后来抗大七分校又招生参与抗日，利用铁路，扒开铁轨，阻止日本兵侵略，我随即又光荣地成了抗大七分校的学员。

延安炮兵学校

　　1944年12月初，中央军委和毛主席做出英明决策：为迎接抗日战争大反攻的到来，在延安炮兵团的基础上建立我军第一所特种兵院校——延安炮兵学校。朱总司令同时发出了"模范战士上炮来"的号召。全军上下立即响应，第一期学员来自抗大、中央军委各机关、总部各机关和野战部队。其中从抗大七分校招收150名学员，我有幸被录取。

　　炮兵学校朱光科长带领我们来到原延安炮兵团的住址——南泥湾陶宝峪。延安炮兵学校第一期共招收700名学员，加上原延安炮兵团的官兵共计有1000余人入学。编成三个炮兵大队、十个中队，另编有一个迫击炮队和两个工兵队。1945年3月13日全校召开动员大会，明确了学习的主要任务是培养全军炮兵连排干部,学期为八个月。军事训练内容以技术为主、战术为辅,有什么装备学什么、战争需要什么学什么。军事课以操炮、射击、观测、兵器、通信五门课为主。政治课紧跟形势进行思想教育,树立长期干炮兵的思想,保证教学工作顺利进行。由于学员都是自愿报名考试而来,学习积极性极高。全体学员发扬艰苦奋斗的延安精神,克服各种困难,坚持学习。因各种原因,直到开课五个月后的 1945 年 8 月 1 日建军节才正式举行了开学典礼。这天,八路军总司令朱德、参谋长叶剑英、抗大校长林彪都参加了开学典礼。朱总司令作了重要讲话,指出苏联红军已经彻底打败了希特勒,日本法西斯灭亡的日子也为期不远了。目前我们八路军、新四军已经开始反攻,要打大仗、打攻坚战没有炮兵怎么行,指示炮校要发扬抗大的光荣传统,把炮校办好,为建设更多的炮兵而奋斗。

1945 年 8 月 15 日,日本天皇正式宣布投降。炮校马上进行了为期一周的突击训练,单炮和连的合练。9 月 9 日,接到军委的命令"炮校开赴东北,接收日军的炮兵装备"。行前,朱瑞校长受到中央领导的接见,毛主席指出:"没有炮兵便没有胜利。"朱总司令指出:"炮兵为建军骨干。"

朱瑞校长先行乘飞机赶赴东北,随后炮校全体官兵在政委邱创成、副校长匡裕民的率领下于 9 月 23 日从延安出发徒步向东北急进。路经晋绥、晋察冀、晋冀鲁豫等军区时,调拨了 300 余名各级干部和学员作为各军区组建五个炮兵团的骨干。11 月到达沈阳新民县火车站。此时已经进入严寒的冬季,国民党军也已从葫芦岛登陆,抢占了锦州,苏联红军坚持不让我军进入沈阳,炮校只得转移到抚顺集结。

根据当时获得的情报,日军投降时将大批的火炮、装备破坏后抛弃在深山野岭。朱瑞校长及时作出了"分散干部,搜集武器,发展部队,建立家务"的指示,决心"自己动手,装备自己"。

一方面,将 68 名干部学员分配到东北各军区部队,充任骨干,解决部队对炮兵干部的急需;另一方面,将留下的干部学员转移到黑龙江地区,校部就在牡丹江安了家。然后将学员分散到原日军屯驻的兵营周边和当年红军进攻东北时与日军作战的战场搜集武器装备。在东起绥芬河，西至清河口的广袤的林海雪原上，炮校的官兵们冒着零下三四十（摄氏）度的严寒，搜集日军弃置的火炮、汽车等零部件。

东北民主联军重炮三团

1946年6月12日，炮校宣布组建东北民主联军炮三团，任命宋承志为首任团长、丁本淳为首任团政委。以延安炮校学员为骨干，以炮校警卫营为基础组成炮三团一营的一、二、三、四连。

任命周天才为二连连长、陈勇为指导员（三个月之后调到二营），任命我为副指导员（陈勇调走后，任命我为指导员），任命刘士和为副连长。

炮校将第一批搜集到的几门日军的山野炮装备给炮三团，随即将炮三团转移至穆棱县八面通安家。

1946年11月，东北民主联军炮兵司令部初步确定将炮三团建设成摩托化重炮团，并将搜集到的几门日制150毫米榴弹炮调拨给我团。但人员、装备与编制数量相差甚远，兵员和装备问题急需解决。团党委即决定"自己动手，扩建部队，加速建设重炮团"。首先抓装备落实，将全团现有人员分成14批，走上了搜集武器装备的艰难之路。

炮二连在连长老红军周天才、我和副连长刘士和的带领下，进入中苏边境绥芬河至鸡西、青孤岭、柳毛河一带，冒着严寒，踏着一尺多厚的积雪，苦寻了一个多月只搜集到一些山野炮和步兵炮，两个92式105毫米加农炮的炮管及一些汽车零部件和器材。一直到1947年初，我们连终于在一条沟里发现了散落掩埋的炮三团最需要的日军96式150毫米榴弹炮的零部件，但已遭到日军的破坏。此时，我连已经过 60 余天的艰苦搜寻，有不少人手脚冻伤，但这一重大发现使全连官兵欢欣鼓舞，马上开始向周边地区扩大搜寻挖掘。又经过十多天的紧张工作，将搜寻到的火炮零部件全部收集起来，经过检查清点，共计有日军 96 式 150 毫米榴弹炮 14 门，可装备 4 个半重炮连。之后我们又到附近村庄了解苏军与日军在当地作战的情况，向群众宣传解放军建设炮兵的重要性，告诉乡亲们如果捡到火炮、汽车、通信等零部件，请交给解放军。通过耐心细致的工作，当地群众又贡献出许多重要的零部件，特别是火炮及车辆必需的关键部件，如瞄准镜、发动机等，十分珍贵。

为将火炮、器材运回驻地，我们动员群众用马车将大部件分解装车，最终将这批火炮、汽车零部件运送到团部修械所进行检查、修理、组装。

团领导将这批搜集到的 96 式 150 毫米榴弹炮修理、装配好后，首先装备给我们连。至此，东北民主联军炮兵司令部正式决定炮三团为摩托化重炮团。

东北民主联军总部授予老红军周天才"搜炮英雄"称号，并记特等功，授予我连"搜集武器模范连"荣誉称号，对其余官兵也分别予以记功授奖。

炮三团第二批搜集到的武器共有各类重炮 27 门，汽车零部件 7000 余件。到 1947 年 5 月，团修械所先后修复了 96 式 150 毫米榴弹炮 12 门，92 式 105 毫米加农炮 7 门，各类枪支 594 件，器材 3000 余件。汽车修配连共修复运输车、牵引车 90 台，汽车轮胎 600 余个，有效解决了部队的火炮、轻武器和各种装备。为适应摩托化长途行军的需要，汽车修配连又研制配备了重炮拖车。

至此，中国人民解放军建成了第一个摩托化重炮团，装备了全军炮兵部队口径最大、射程最远、杀伤力最强的重型火炮。

重炮团的建立为中国人民解放军转入大反攻、大兵团作战、打大城市、打攻坚战打下了坚实的基础。炮三团在解放战争的大反攻中充分发挥了"战争之神"的威力。1948 年 9 月底，在辽沈战役肃清锦州外围战——攻克义县的战斗中，因炮火准备非常成功，仅用 5 个小时就结束了战斗，全歼守敌一个师，共 19000 余人。之后于 10 月 12 日参加了解放锦州的战斗。该日 15 时炮三团开始试射，后即进行精确射击，肃清了锦州城外围的堡垒区和火力点。10 月 14 日 10 时总攻开始，我军集中各种口径的火炮 400 余门，进行了 45 分钟的炮火准备。万炮齐发，瞬即将坚固的锦州城墙打开宽阔的突破口，掩护步兵一举突进城内，10 月 15 日 18 时攻克锦州。从总攻开始到全歼守敌只用了 32 个小时，创造了我军集中使用炮兵攻城的成功战例，印证了毛主席说的"没有炮兵，就不能胜利"。

图为 1947 年底东北民主联军重炮三团开展行军训练

1948 年底，我们炮兵部队从沈阳走铁路沿线秘密入关，准备参加平津战役。

攻打天津前，我担任炮四团（辽沈战役后炮兵部队整编，重炮三团改称炮四团）的组织干事。我团第一、第二两个营驻在杨柳青，也就是天津的西面，配合三十八、三十九军主攻。第三营部署在天津东面，配属东面的攻城部队。傅作义一开始拒不投降，最低限度也要维持 30 天，结果中央突然下令命令马上攻打天津，争取用两天的时间解放天津。大家斗志昂扬都在讨论如何更快地攻占天津。

其实，11 月底的天津是非常难以攻克的，国民党军为了让护城河水结冰，不断往护城河里灌水，给步兵攻城造成了极大困难。我们炮兵团在攻打前就侦察清楚了敌人的指挥部和炮兵的具体位置，但必须先把敌人外围的碉堡打烂，再把国民党步兵待的地方打翻，这就要求我们精确计算多个远距离打一次炮，才能顺利将三十八、三十九军步兵安全送到前沿。难度虽大，但是我炮兵部队借助 150 毫米榴弹炮和 105 毫米加农炮的威力还是出色完成了炮火准备任务，最远射程达 17000 多公尺（米）。

图为天津解放入城式炮四团经过天津市政府

1949 年 1 月天津解放后，我们团参加了天津的入城式。不久我们团又参加了北平和平解放的入城仪式，数十门 96 式 150 毫米榴弹炮和 92 式 105 毫米加农炮用拖车牵引，雄伟壮观地经过刚解放的城市街道，在北平前门接受平津战役指挥部首长们的检阅，还特意经过外国使馆集中的东交民巷向全世界展示了我军的强大实力，其间受到人民群众的热烈欢迎。

天津解放后我给家中的老母亲去信报平安，没想到母亲见信后徒步几百里到天津找我，从我离家参加八路军干革命，十年了我们母子这才在天津相见。

图为 1949 年 2 月 8 日冯国声与母亲
在天津合影

图为炮四团在北平入城式中经过东交民巷

图为冯国声在中国人民革命军事博物馆
与当年搜集到的日制 96 式 150 毫米榴弹炮合影

之后，在解放太原市的攻坚战、解放河南新乡的战斗中炮兵都发挥了重要作用。四野直属的炮兵团只有我们团一直打到雷州半岛，掩护渡海部队解放海南岛。1950 年 6 月，在解放广东万山群岛的战斗中，我团一营三连（连长李祥和）将日制 92 式 105 毫米加农炮固定在铁壳船上出海作战，击伤数艘蒋军军舰，创造了我军炮兵首次以"土军舰"与敌军舰作战的光荣战史。

图为日制 92 式 105 毫米加农炮在铁壳船上出海作战

图为马国声在中国人民革命军事博物馆
与当年搜集到的日制92式105毫米加农炮合影

在抗美援朝战争的攻防战（上甘岭战役、金城川战役等）中我团同样创造了不凡的战绩。我在数十年的军旅生涯中一直与炮兵结缘，从学员到将军一直与火炮相伴。我今年96周岁了，在人生的事业上值得庆幸的是我能为中国人民解放军的炮兵事业奋斗一生！

附记

采访进行中，冯老看我们有的摄像，有的拍照，有的记录，三怕热到我们，执意打开空调，我们当时也没有在意，当我们采访结束与老人握手道别时，才发现老两口的手都是冰凉的，心里特别不落忍。

回津后，我们再次与老人取得电话联系，询问过早打开空调身体是否有恙，老人笑着告诉我们，没关系，我们不怕凉，只是别热到你们就好，难得你们有

185

心，做这项工作，把我军炮兵的光荣史迹宣传出去，让更多的人了解革命前辈，了解我军炮兵的成长史，谢谢你们。

心里淌过阵阵暖流，其实这是我们的工作，也是我们应该做的，并且我们会一直坚持下去，因为弘扬革命传统、传承红色基因是每一个纪念馆人的使命与担当。

图为冯国声夫妇同平津战役纪念馆工作人员合影

父子两辈从军记

◆ 于泽口述　张一拓整理

受 访 人： 于泽（于敬华之子）
文化程度： 大学专科
身体状况： 身体及精神状态良好
现 住 址： 广东省广州市华南农业大学
采 访 人： 时昆、王蔚、张一拓、马楠
采访时间： 2023 年 7 月 26 日
采访地点： 广东省广州市华南农业大学

于敬华
（1928—2001）

见到于泽，是在华南农业大学的竹铭书屋，身着白色 T 恤的于泽显得干练又精神，有着军人特有的精气神。见面后，于泽和我们说："我现在和老伴每天的主要任务就是接送小朋友了，也挺辛苦的，

图为于泽

但苦中也有乐。"大家听罢，都被于泽的"坦诚"逗的会心一笑，我们的访谈就在一种轻松的氛围中展开。

父亲母亲参军经历简介

　　我父亲叫于敬华，山东烟台荣成人（今属威海市），那个地方属于胶东，是我党领导的山东根据地之一，据有关史料记载，中国人民解放军有8个军是在山东成立的，但山东跟胶东还是两个概念，胶东主要是指胶东半岛，它是山东的一部分。抗战胜利后，罗荣桓元帅带了6万多山东子弟兵去东北，像我父亲他们这一批是从胶东跟吴克华将军去的，到东北后他们部队改编为东北野战军第四纵队，就是后来的四十一军。当年留在胶东的是许世友将军带的那批前辈，后来编为华东野战军第九纵队，就是后来的二十七军，这两支部队是地地道道的胶东子弟兵。我父亲是1940年9月参加革命的，当时都还是一个十三四岁的半大孩子，下面还有两个弟弟。因我爷爷是老党员，有觉悟，为了打小日本，先后送了两个儿子上战场。我二叔是1945年初参军的，他没渡海北上，而是留在胶东了，算二十七军的人。

　　战场上的经历我们听父亲讲的不多，曾经听父亲讲他们那个村子，从抗战开始到解放战争结束，村子里参军的青少年有十几人，到解放时才知道活着的就几个人了，包括那些因伤致残后回乡的。他非常感慨，共产党打天下不容易，多少人的鲜血生命铺成这条路啊，你们这些小孩子要珍惜、要知足、要维护，我每次想到这都会想到前几年听丁晓君唱的《天下乡亲》那首歌：最后一尺布用来补军衣，最后一粒米用来做军粮，最后的老棉袄盖在担架上，最后的亲骨肉送他上战场。这真是当年共产党领导下的抗日根据地乡亲们最真实的写照。

　　我父亲是1945年随部队渡海赴东北的，当时是部队里的基层干部，大概相当于连排级干部，他在东北时主要在南满地区（大概相当于现在辽宁省的南部），参加过许多战役，像辽沈战役的塔山阻击战，他们那个团还被授予"塔山守备英雄团"称号，平津战役后在北平他们这支部队还接受了毛主席、朱总司令的检阅呢！后来一路打到广西广东，他当时是四十一军一二一师三六一团政治处副主任，部队打完汕头后，奉命去北京院校学习，195二三学习结束后调任四十二军一二五师政治部青年科长，1955年授少校军衔，196二年晋中校，先后任团副政委、政委，师副政委、政委，1970年任军政治部副主任，1980年调任广东省军区政治部顾问，1982年离职休养。父亲荣获过"独立自由奖章""独立功勋荣誉章"和"三级解放奖章"。

我母亲叫潘艺华，是四川省万县地区开县人（今重庆万州区开县），1949年11月入伍，参军的时候已高中毕业。我的外公潘大造跟刘伯承元帅是同乡，也是同学，他是上海同济大学毕业，学建筑的。听家乡的老人讲，刘帅主政重庆时还请外公去重庆开过会，属于工商业民主人士吧。他的五弟（我的五外公）曾是我们四川省政协的副主席，叫潘大逵。1949年底，四十二军解放四川万县，我妈是那时当的兵。前些年史料上有一种说法说四十二军是四野唯一没有打过长江的部队，其实是不准确的。事实上，当时四十二军打下河南安阳后，军指带一二五师、一二六师驻河南剿匪，军长吴瑞林，带军前指和一二四师、一五五师两个师划归二野建制，由刘、邓首长指挥。在武汉附近过江后，夹长江两岸向四川方向攻击前进，沿途解放了湖北、四川境内的许多县城。打下重庆后，四十二军在达县、万县等地招兵近3000人，这些兵有两个特点：一是文化程度普遍比较高，二是女兵比较多。因此，军里就成立了一个随军学校，起名"唐山干校"，把这近3000名新招募的学生编成了五个大队。其中一大队、二大队、三大队里编有女兵中队，我母亲属于三大队第十二中队的，这个学校为部队储备了大量有文化、有知识的青年人，干审完后许多人都分到连队当文化教员。抗美援朝时期我母亲就是军汽车教导队的文化教员，她们为提高我军官兵的文化知识，加强我军现代化建设起到了重要作用。现在看当年吴瑞林军长的做法可谓高瞻远瞩，一点也不为过啊。1953年，部队选干上人民大学，我妈她们到武汉参加入学考试，结果她成了被录取的三个人之一，上了人大。我有两个弟弟，老二于东江 1974 年毕业后响应国家号召上山下乡前后共五年，老三于俭 1976 年高中毕业后根据政策留城参加了工作，1978 年初参军到了北京军区某航校，当了五年兵。

关于四十二军参加抗美援朝的时间到现在为止官方没有明讲，全国纪念抗美援朝是 10 月 25 日，官方公开的抗美援朝出国参战的时间是 10 月 19 日，其实四十二军一二四师在 10 月 16 日晚就已经出国作战了，是全军最早参加抗美援朝的部队，没有之一。1952 年 11 月，四十二军奉命回国，据老辈们讲当时高层想把四十二军放在海南，所以回来以后就驻扎在湛江，在那里待了一个多月，1953 年的 1 月份调到广东惠阳（惠州），直到现在。这是全中国解放以后唯一一个没有调过防的军部，现在称七十四集团军。

图为于敬华 1950 年于广东汕头南澳

图为于敬华 1959 年于海丰

图为潘艺华 1953 年于广东惠阳

图为潘艺华 1953 年于广东惠阳

图为潘艺华 1953 年于中国人民大学

191

父母对我的影响及我的从军经历

我们小时候跟父亲生活的时间不长，这也是军人家庭的突出特点，因为很少见面，到了上学的年纪见到父亲时爸爸这两个字都叫不出口，但是父亲对我的一生有着极大的影响，我觉得家庭教育有些东西不是一两句话能讲清楚的，我的体会它有两方面的含义：一是身教重于言教。比如，我讲一件简单的事情，小时候吃饭，掉了几粒饭在桌子上，我父亲用手把饭粒拿起来放嘴里吃了，我很不以为然，心想不就几粒饭吗，要这么认真吗？父亲告诉我，多和少只是个量的问题，但性质是一样的，本质上就是浪费，这件事我印象很深。他虽然没有讲什么大道理，但让我铭记终生。老一辈人不铺张不浪费的观念和对家乡农村的热爱、对农民的尊重直接影响到我的生活。二是潜移默化的影响。那时候组织上都会配有公务员，他从来都是亲切称呼他们小欧、小黄、小钟什么的，告诉我们叫叔叔，不像现在有的影视作品里首长们一开口就是"警卫员、警卫员"的喊，其实父亲就是告诉我们要懂得尊重任何人，尊重别人就是尊重自己，这对我一生都是受用的。到现在都还有二三个叔叔跟我有联系，他们有的其实也大不了我几岁，有的也已八十多岁了。

我是1955年生人，1970年12月当兵的，父亲当时也没多讲什么，就是让我好好干，要向工农子弟看齐，别人能干的事你就能干，不会干你就学。当兵学的是炮兵侦察和计算，从当兵到当班长、排长、连长，在基层连队干了整整9年，其间还经历了1979年2月的对越自卫还击作战，之后在广西边境还驻防了一年，现在社会上好像有一种说法说当时（20世纪60年代末70年代初）部队子女当兵是为了躲避上山下乡，对这种说法我有不同的看法和理解，因为任何事情都离不开历史大背景。当时的大背景是什么呢？我想至少应该有两个方面：一是当时国家面临着美苏两个超级大国的核威胁，因此，从20世纪60年代中期开始，国家搞大规模的三线建设，开始了备战备荒，把东北地区、沿海地区大型的工矿企业、军工企业往西南山区搬迁，为什么？就是准备打仗啊，三线建设的目的就是提前准备应对美苏对我国发动的军事行动。事实上，1969年3月珍宝岛战役就发生了，我军伤亡了近百人，但取得了战役的胜利，占了点便宜。接着1969年8月在新疆北部地区又打了一仗，我军死了百来人，是吃了亏的，在这个大背景下，那些前辈们把自己的孩子送去当兵，是用自己的行动支持国家的战略行动，难道他们当了几十年兵、打了十几年仗，不知道打仗是要死人的吗？他们很清楚，但还是义无反顾把自己的孩子送到部队里。我给你们讲讲广州一所中学的故事，这个学校的前身是东北民主联军时期成立的一所各级干部的子弟学校，学校随着四野大军南下的步伐迁至三江、武汉，最后定居在广州，原来叫"广州八一中学"，现在叫"广州大学附中"。这所学校至今出了多少名人我不太清楚，但我知道在那一段时间里这所学校出了七名烈士（包括20世纪50年代时我们四十二军的政委陈德将军的儿子为了营救战友，牺牲在西藏高原。还有安排你们这次访谈的朱铁军的哥哥，他是一名飞行员，在一次执行任务时牺牲了，他的父亲抗美援朝时是我们师的首长，是我父亲的老领导）。其中有五人牺牲在对越自卫还击作战的战场上。新中国成立后，全中国的中学怎么也有十几万所吧，一所中学就出了七位为国捐躯的烈士，我想应该是唯一的，实在是令人敬佩。我当兵所在的那个师，1979年对越作战时伤亡了三位师首长，其中牺牲了二位，要知道十年对越作战，一共就伤亡了这三位师级干部，都是我们师的，你可以想象到当时战场上的惨烈和残酷。他们当年都是从东北老家随着四野大军打到广东身经百战的老兵，但是，社会上有许多人可能还不知道他们都是父子、父女同上战场的。许副师长和儿子在另一个部队参战，父子双双重伤，师里一位姓顾的首长的儿子也在另一个部队参战，牺牲了，那可是独生子啊！父辈们是在用行动践行着自己的誓言，维护着祖国的尊严，他们是效仿他们的父辈当年送他们上战场的悲壮壮举。

二是当时国家面临着就业压力的增大。从当时的情况来看，上山下乡也好，当兵也好，说到底都是为了解决就业。20世纪50年代末60年代初，中苏关系交恶后，国家经济发展遇到了困难，城镇每年新增的劳动人口上百万人，就业压力增大。是人他就得吃饭啊，那个时候就已经开始号召知识青年上山下乡和知识青年回乡务农了。20世纪60年代末达到高潮。毛主席说我们也有两只手，不在城里吃闲饭，号召城市知识青年上山下乡。那个时候国家没有资本投入，农业生产靠的就是劳动力的投入。修水库、公路、铁路、农田基本建设等，哪一项不是靠人、靠劳动力干出来的？他们用自己的双手开辟出一片属于自己的天地，旧貌换新颜，满足了自己基本的生活需求，不然温饱问题怎么解决？社会秩序怎么维护？当时全国还成立了几十个生产建设兵团，像黑龙江、云南、海南、广州军区等，各大军区、各个省基本都有，相当于一个准军事化组织，解决了几百万人的就业。所以我们那时候当兵实际上也是处在这样的大背景下。

我当兵是在广东粤北山区一座叫小腊岭的大山下，营房距离一个叫翁城的乡镇（当时叫公社）走路大约二公里，距离县城五十多公里，在那里驻了六年。当时部队条件很艰苦，一个月津贴六元钱，一天的伙食标准是0.47元，一个月食用油1.2斤。为了分担国家的困难，改善伙食，我们部队是全训部队，但连里还有二亩多菜地、八亩水田（距离驻地有六七公里远）、十几亩的山地，还养了二十多头猪。每天训练结束后，各个班都要在自己的"一亩三分地"上忙活着。有的战士家里来信问部队伙食怎么样，战士回信风趣地说：很好，早上咸盐炒白菜，中午白菜炒咸盐，晚上白菜咸盐一块炒。这也是当时我们连队的真实写照。那个时候吃大豆食品较多，鲜有油星，有时我们像孩子们一样盼着过节，可以杀猪啦。那时候虽然很艰苦，但战友们过得都挺快乐。那时候官兵关系、战友之间的关系非常融洽，感情非常深。我的班长是山东人，叫张京利，大我六岁。他就像大哥哥一样照顾着我们，不仅教专业技术知识，生活上也无微不至关心你，帮你洗这个、洗那个，整理这个、整理那个的。1972年初在野外驻训的一个深夜：我被一条十多公分（厘米）长的大蜈蚣咬了脖子，那蜈蚣都竖起来了，与我的脖子呈 90 度角，战友们七手八脚帮我处理完后，听说用空心菜叶捣烂后沾大公鸡的口水敷在伤口上可以去毒。他连夜去附近的村子找空心菜、大公鸡按那方法把那东西给我敷上，也不知道这方子的真假，反正就好了，也没看医生，有点奇妙吧。我的老班长就是这样爱兵如子、亲如兄弟的好大哥，我们感情深厚，分别快五十年了，一直联系着，今年 4 月我还去济南见了他。几年后，我当班长了也是一样的，因为我当兵时年龄小，所以比我晚几年入伍的兵有的比我年龄还大一些，但在野外宿营住帐篷时（那会可不是现在看到的像蒙古包一样的大帐篷，我们是用四块、六块或八块随身携带的雨衣拼在一起搭成一个人字形帐篷），睡在最外边的那个人就是我，所谓"遮风挡雨"，这就是部队里的班长，也是部队里一代又一代传下来的优良传统。20 世纪 70 年代的部队，每年冬季有两个月的时间在野外驻训，叫作"野营拉练"，专练吃、住、藏、走、打，综合性演练，年年如此，这种训练对干部、战士的锻炼很大。

1976 年 3 月份部队调防到湖南耒阳，我在耒阳待了大约 10 年，其间 1979 年 2 月参加对越自卫还击作战，战后在广西边境地区驻防一年，作战期间荣立了二等功。我们是炮兵，许多人对炮兵不太了解，在影视作品中常见指挥员大拇指一伸说：方向多少多少，放，这样的情景。其实在陆军这个军种里，炮兵还是相当有技术含量的兵种。一个炮兵连就有七八个不相通的专业，大体说，分为炮阵地和射击指挥两大块。炮阵地这块就是人们常有的那种感觉，一发射起来万炮齐鸣，山崩地裂，威武壮观，一门炮就是一个班，核心是班长和瞄准手，另外还有六七个不同分工的炮手，班长和瞄准手一旦出现伤亡，不是谁都能顶上去的。这两个人平常训练的内容、训练的时间、训练的强度与其他炮手完全不一样，他们两人训练的内容也是不相通的，虽然部队训练也搞一专多能，但熟练程度差远了，比较复杂。另一块就是射击指挥，包括了侦察兵、计算兵、无线兵、有线兵，他们是干什么的呢？我举一个不太合适的例子但能说明问题。

比如，我们炮阵地在广州，现在要打天津，看得见吗？肯定是看不见的，怎么办呢？这就需要我们的指挥人员深入到天津附近能看到目标的地方建立观察所，通过侦察兵的侦察确定目标位置，再通过计算兵的计算将射击结果计算出来，由指挥员通过无线兵将结果下达给炮阵地。阵地指挥员、炮班长再经过一番计算操作后，就算是完成射击准备了，只等射击指挥员一声令下就开炮了。炮弹打出去是有误差的，有近有远，有左有右，侦察兵、计算兵还要通过侦察、计算修正这个误差，再由指挥员通过无线兵将结果下达给阵地，继续打，这就是传说中的千里眼、顺风耳。炮兵连的计算兵这个专业只有一个人，他的计算过程挺复杂的，涉及指挥仪、计算盘的使用；涉及对数、三角函数，什么正弦余弦、正割余割、正切余切等函数表的使用；还涉及当时、当地的气温、气压、药温、风速，还要计算地球自转量等，这个兵的专业技术要求很高，反应要快，动作要快，要有一定的文化基础，炮兵的射击指挥员大都是侦察兵、计算兵出身的。

图为于泽讲解炮兵知识

1979年2月17日，对越自卫反击战打响后，我当时任团里榴炮二连连长，我们连前进指挥所随营前指伴随步兵团进攻作战，攻克高平城后，2月27日，部队在弄压山口遭敌阻击，伤亡较大。28日晨3时左右，指挥部首长研究后命令我带一部电台在一个步兵班加一挺重机枪的掩护下深入敌后进行抵近侦察。

我带的这个电台兵是山东人，他是我们团七连的无线班长，叫黄广仁，当时选调他配合我执行这个任务时，他二话没说，背上电台就跟我走了。我们与步兵分队的战友们研究完具体的行动方案后晨 5 点左右就正式出发了。走的时候团里彭参谋长叫他的警卫员把自己仅有的两块压缩饼干和半壶水都给了我，没有嘱托、没有安慰，只有坚毅的眼神、坚定的声音，告诉我一句话：完成任务，活着回来。说老实话，部队里人与人之间的那种感情跟常人是不一样的，不是一两句话说得清楚的，要用心去体会。我们这个小分队 5 点左右出发，翻山越岭艰难地攀爬，一路危机四伏，也就二公里多的路程，走了近四个小时，途中还干了一仗，不过是自己人打自己人。战场环境很复杂，不是分个你、我、他那么简单。越南那个山不像你们通常看到的那连绵起伏的样子，它是石岩石地貌，山上长满了灌木丛，很难攀爬的，去过广西应该见过这种地貌，有点像一些人家里摆的盆景那样的山。我们到达指定位置后，因为侦察视角不好，我和黄班长又前出到几百米的另一个山头，二人做了简单的分工，我负责在前面侦察，他负责在后面警戒。我们把发现的越军炮阵地、人员密集的地方、火力支撑点等坐标报给指挥所，并指挥修正射击，我们两个人在那里待了 20 多个小时，直到圆满完成任务顺利返回。现在社会上有许多称谓，什么朋友啊、"老铁"啊、同学啊、同事啊，等等，但有一种称呼叫战友，许多没有当过兵的人并不明白这个称呼的深刻含义，他其实没有"一起扛过枪，一块渡过江"那么风趣，也没有"同吃、同住、同训练"那么浪漫，他是当你处在某种危险的时刻，你能够放心地把你的后背留给他的那个人，这是将性命相托、生死与共的人，我称他是过命的兄弟，这是我们这些当过兵的人对"战友"这个称呼的诠释和理解。在当时的环境里，我们没有那么多的想法，也没有像影视作品里表现得那么豪迈、那么有觉悟，其实就是奉命执行了一次任务，仅此而已。但在战后的一段日子里，我常想起这段经历，有些后怕，试想如果有人突然用枪对着你身"不许动"，你说怎么办？你甚至连反应的时间都没有啊，而军人一旦被俘这一生就完了。那段时间我还遇到过一次危险，虽没有那么惊心动魄但也是虚惊了一场，一块炮弹皮击中了我的水壶，打在水壶的右肩上，长三四厘米，深约半厘米，但没有打穿，当时我还捡起了那块弹片，约二指大小，有点烫手，后来揣进裤兜里大半天呢，因为感觉有点沉影响走路就扔掉了，如果带回来打一把小刀，那可是一件珍贵的纪念品啊！

1985年我离开部队全脱产去读了两年书，毕业后1987年我转业到地方工作，先后在惠阳地委经济工作部、惠州市监察局、惠州市纪委工作，2012年到惠州市的政协任专职常委，直到退休。

图为1979年3月底或4月中央慰问团到广西边境慰问时，
一个湖南日报社的记者拍摄于前线

图为于泽 1979 年于广西边境地区

附记

　　采访接近结束时，于泽对我们说：你们的工作很有意义——每个人由于职务、环境的不同，他看待战场的视角也不完全相同，所以你们将当时的历史资料通过口述的方式留存下来，是从这个角度把战史工作整理得更细致、更扎实、更全面，把国家各个阶段的历史记录下来，我们这些当过兵的人，最看重的并不是待遇如何，而是那份荣誉，那份社会对于老兵们的尊重。他们要维护国家给予他们的一些权利，全社会应该给予他们充分的尊重和理解，试想没有这些人，国家的领土、领海、领空怎么保卫？国家的安全怎么维护？老百姓怎么能安居乐业呢？有些人不理解，认为当兵不也是一份职业吗，大家都一样啊，其实不是那么回事。你不当兵，你这条命是你自己的，你可以任性，但你一旦当了兵，哪怕一年、两年或十年、八年，这期间你这条命就是国家的，容不得你有一丁点的任性。从这个角度讲，军人的确是伟大的，是值得整个社会尊重的。我真心地感谢你们，通过这个平台让大家更了解当兵的。采访结束后，于泽与我们相约今后有机会到平津战役纪念馆相聚。

图为于泽（右）接受平津战役纪念馆副馆长梅鹏云采访

一生戎马心向党　节衣缩食报家乡

◆ 邢宝萍 口述　武思成整理

受 访 人：邢宝萍（邢玉德之女）

身体状况：身体及精神状态良好

现 住 址：四川省成都市

采 访 人：沈岩、时昆、王蔚、宋福生、武思成

采访时间：2019 年 12 月 2 日

采访地点：北京市海淀区

邢玉德
（1914—2006）

　　邢玉德，1914 年出生，河北省涞源县人。1932 年参加刘志丹领导的红二十六军独立团一营，曾任侦察员班长、排长、连长。1935 年 10 月加入中国共产党。后随部队整编入八路军一一五师，担任师通讯排排长，参加过平型关战役。后在冀东十三分区任特务连连长。1947 年 7 月，任盐务支队支队长。后随部编入冀热辽纵队，任教二旅副旅长兼团长。参加过辽沈战役、平津战役。1949 年随部队南下到湖北，随部队划归第二野战军。参加过川东涪北地区剿匪，任副总指挥。新中国成立后，任四川省公安厅副厅长，后离休，享受厅级待遇。2006 年 1 月 31 日去世。

　　我父亲名叫邢玉德，生于 1914 年，是河北省涞源县人。因家庭贫困，从小跟着师傅学手艺、做学徒，走南闯北。1932 年父亲在陕北做工时，有幸遇见了陕北苏区创始人谢子长，自此走上了革命道路。因为从小四处游历，父亲锻炼出超出常人的定向识途能力，谢子长发现我父亲对热河、河北、陕西等地的地形和道路比较熟悉，因此十分器重我父亲，他发展我父亲成为红军的一名交通员。

英勇作战　遍体鳞伤

在陕北期间，父亲先是在红二十六军任交通队队长，后经过三原改编，被分配到八路军下辖的一一五师杨成武独立团任通信班长，当时一一五师的师长是林彪。1937年9月，父亲有幸随军参与了著名的平型关战役，在这场战役中，我军共消灭了日军一千余人，缴获了步枪一千多支、轻机枪二十多挺。父亲在这场战役中十分英勇，刀劈了五六个日本兵，但也因此负伤。一个敌人在临死前用手枪把父亲的下巴打穿，父亲的舌头被打断，右半边脸也落下了终身残疾。幸运的是，父亲这次负伤得到了独立团卫生队王队长的及时治疗，王大夫用一截假舌头为父亲做了修复，使得父亲的性命得以保全。手术后，父亲在野战医院养伤。因父亲在战场上勇猛作战，被战友称为"邢二杆子"。

在1937年8月召开的洛川会议中，中央明确提出要在晋察冀边区开展抗日活动，建立抗日根据地。半年后，以雾灵山为中心的冀热辽根据地创立。经过短暂休养，父亲被分配到晋察冀第一分区三大队，也就是冀东支队，支队长兼政委就是后被授衔上将的邓华将军。1938年3月，冀东支队在斋堂川地区向周围发展，初步形成了平西抗日根据地，当时支队的司令部设在斋堂镇的聂家大院。随着抗日形势的发展，接八路军总部电令，邓华支队与当时南下的宋时轮所率支队合并，成为八路军第四纵队，分两路由斋堂向冀东地区进发，发展抗日力量，准备策应冀东大暴动。部队途经怀柔时，在沙浴地界与日军展开了激烈交火，在这次战斗中，父亲所在部队歼灭了敌人120余人，缴获步枪80余支，轻机枪三挺。沙峪一役的胜利为四纵主力顺利前往冀东地区打下了基础。

1938年7月，冀东地区发动了声势浩荡的冀东抗日大暴动，四纵队迅速开往遵化、迁安、卢龙一带，与冀东抗日联军会合。两部胜利会师后，根据抗日形势的变化，四纵领导决定将部队撤至平西地区整训，仅留部分部队在冀东一带坚持游击活动。当时第一游击支队队长为陈群，政委为苏青，□文彬任政治部主任，父亲一直在陈群手下通讯排任职。父亲所在游击队主要活动于冀东地区丰润、滦县、迁安一带，在潘家峪、松山峪、赵庄子等地开展抗日活动，打过许多硬仗，受到当地群众的欢迎。

1939 年 9 月，第一支队赶赴平西地区进行短暂整训后，又返回冀东地区开展抗日活动。后经过几次改编，父亲所在部队改为第十二团。十二团下辖特务连、通讯排和工人大队，约 120 余人，当时我父亲仍在通讯排任职。1941 年 6 月，父亲所在部队在玉田县孟四庄一带与日军进行了激烈交火，陈群在这次战斗中不幸负重伤牺牲，当时我父亲一直陪在陈群身边。陈□团长爱兵如子，他牺牲后父亲和其他战友都很难过。

接替陈群担任十二团团长的是后来授衔少将军衔的曾克林将军。1942 年初，第十二团划归了晋察冀军区第十三军分区管辖，我父亲任特务连连长。是年 7 月，为了给潘家峪惨案中牺牲的同胞们报仇，曾克林率领十二团在沙河驿附近的甘河槽设下埋伏，一举消灭了自此经过的 180 余名日本兵。冀东第十二团因甘河槽一战而名声大振。自此到抗日战争结束，父亲一直在冀东地区从事抗日活动。

解放战争时期，父亲在盐务支队任支队长，率领部队与国民党军队在冀东地区战斗。1947 年 7 月，父亲担任盐务支队支队长。是年 10 月，盐务支队在杨家泊村准备伏击敌人时，做侦察的战士没有摸清敌情，并且行动泄密，遭到国民党多支军队包围，损失较大。后父亲一部编入冀热辽纵队，这支部队后改为东野九纵一部，父亲任教二旅副旅长兼团长，参加过辽沈战役，打过四平战役；平津战役中，参与解放天津、北京。后父亲随军南下，到湖北时经中央军委调整，所在部队划归解放军第二野战军。之后父亲随军前往四川北部地区剿匪，任剿匪副总指挥。新中国成立后，父亲定居成都，在公安系统工作，曾担任四川省公安厅副厅长，1981 年离休，2006 年 1 月 31 日以 93 岁高龄去世。父亲去世时灵堂摆了九天，每天都有上百人过来吊唁，花圈都堆满了，摆了一条街。这是因为父亲生前作风正派，刚正不阿，帮助过许多人。

勤俭持家　心系故土

　　父亲很节约，从来不买衣服穿，都是穿公安部队发下来的衣服。在我的印象里，父亲也没穿过别的样式的衣服，就是一身公安制服。我们也会给父亲买一些好衣服，想让他出去开会的时候穿，但父亲从来不穿。在父亲住院期间，医院的大夫和我们说："你的父亲真是一个老革命。"父亲还会去街上捡废品，比如别人不要的鞋子、衣服，父亲看哪个还能用，就捡回家洗干净，用针线缝补好。我们家里有两个屋子堆满了父亲捡回家的废品，他还经常问我们要不要这些修补好的衣物。父亲除了自己补鞋，还会花钱请鞋匠修理他认为还能穿的鞋子。父亲把这些补好的衣服、鞋子送给那些生活困难的人们，帮助了很多人。父亲去世后，我们用两辆大卡车来拉父亲生前捡回家的衣服、鞋子等。

　　我们兄弟姊妹六人，三男三女，都在公安系统工作，父亲不会为了子女通融方便、利用关系让我们去经商发财，他嘱咐我们一定本本分分做一名合格的、为人民服务的好警察。他不但在工作中严格要求我们，在生活中也是如此，如果父亲回家看到有打牌的，立马就会把牌桌掀翻，虽然四川那边打牌的很多，但父亲坚决反对社会上这些不良习气。

　　父亲对待子女也十分严格。我记得我们上学时所穿的衣服都是缝缝补补，打了一个又一个补丁。我们家中有一个"五年计划"，就是我们穿的每一件衣服都要至少穿五年才可以换新的。我同学经常说："你们家又不是没有钱，为什么穿得那么寒酸。"不过我们家的伙食一直都还不错，因为我们家的蔬菜都是自己种的，我们住在成都的一个"红军院"，面积挺大的，父亲会自己种一些蔬菜，现在看起来吃得比较健康。但是父亲吃饭调味都只放一点点酱油、味精什么的调味料，他从来不许我们放。那时候父亲还享受国家配给的专供烟、酒、白糖、茶叶等，但他一辈子不喝酒不抽烟。

图为邢宝萍（右）接受时任平津战役纪念馆副馆长沈岩（左）采访

关于精神传承这方面，父亲在退休后经常在我们公安系统工会或者别的单位的党员教育课上讲党课，讲他当年革命的经历，当年条件的困难，他们如何坚持把革命进行到底。因为四处讲党课，父亲很出名，很多时候我的同事就和我讲，你爸爸又到哪里去讲课啦。父亲还很重视作风，比如说父亲看到街上情侣拉手或者比较亲密，就会去制止他们。

平时我们找父亲要零花钱花，他从来不给，告诉我们没有。父亲不是没钱，他是把国家时给他发的工资都攒起来，支援家乡建设、支援灾区。父亲80多岁回老家时用自己的积蓄支援家乡建设，老家人民还专门为父亲立了碑，那个碑现在还在。1984年，父亲得知老家狼牙口村还没有用上电，过春节背着行李回到家乡，为家乡通电四处奔走，经过一年多的劳碌，终于让全村都用上了电，这件事1986年11月20日刊登在《人民日报》上，题目是《红军老战士邢玉德离休返乡办电》。当时是我单位的领导和我说，"你父亲上《人民日报》了"，一开始我还不相信，认为不是随便什么人都能上《人民日报》，领导拿给我一看，还真是我父亲。前一阵子北京的一所学校还联系我们，想要修缮父亲生前资助过的学校，把老一辈的革命精神传承下去。

身居土屋为家乡造福　年过七旬帮乡亲致富

《红军老战士邢玉德离休返乡办电》①

据新华社石家庄电　红军老战士邢玉德离休返家乡，热情帮助乡亲办电致富，贫穷落后的山村出现了生机。

邢玉德今年七十四岁。他1932年参加革命，1981年离休，在成都市定居。1984年，他得知家乡河北省涞源县狼牙口村至今没有用上电，心里很着急。1985年3月，这位红军老战士毅然离开生活优裕的成都市，带着行李回到了阔别五十多年的家乡，在不足八平方米的土屋里安下家。

山区办电困难很多，邢玉德四处奔走，争取有关部门支持，同时组织发动群众集资，并带头把自己的钱拿出来支援办电。村里没有技术人员，他凭着多年当通信兵积累的知识，组织民兵挖坑、运电杆、架电线，爬山越岭，来回奔波。经过一年八个月的努力，四公里长的高压线和十多公里长的低压线路终于架设成功，家乡的十四个自然村都用上了电。

电给狼牙口村带来了生机勃勃的景象。两座米面加工机房开始工作了，新建的扬水站机器轰鸣，近三百亩土地得到了灌溉。狼牙口村委会和乡政府在村头立碑，记下了红军战士邢玉德为家乡谋福利的功绩。

---

① 转引自《人民日报》1986年11月20日，第4版。

图为工作人员与邓华将军之女邓欣（中）、
邢玉德之女邢宝萍（右）合影

　　从小父亲就告诫我们，公家的东西不能私人占用。我已故父亲在新中国成立后参与过宝成铁路的修建，在修建期间，有工人会歇班，父亲就告诉那些休班的工人不要吃公家饭。还有一次，父亲回老家修电站时，我们村的村长就跑来工地想要吃公家饭，父亲看到后就把村长的饭碗给夺过来，"你又没干活，你凭啥吃这个饭"，把人家给得罪了。这个故事还是我们老家那个县里负责编修县志的主任给我们讲的。父亲从来不怕得罪这些占公家便宜的人。

附记

　　据邢宝萍女士说，尽管已经去世十多年，父亲生前的音容笑语仍不时在她耳畔回响。在她那带有四川口音的讲述中，邢玉德老战士当年在战场上与敌人拼杀战斗，在生活中厉行节约、反对浪费，在工作中坚持原则、不徇私情，晚年甚至略带固执的形象逐渐清晰、立体起来。俗话说，"离家三里远，别是一乡风"，邢玉德离休后不远千里返乡办电，心念故土为民谋福此其一，以身作则匡正乡风此其二，教育子女饮水思源此其三。在他的言传身教下，充分体现了一心向党、热爱家乡的朴实家风。如今我国脱贫攻坚战取得全面胜利，农村的物质生活已大为改善，家风建设也因此摆在了更加突出的位置上，以红色家风匡正村风、乡风、民风，用优良家风为乡村振兴助力"发电"，实现党群连心、家庭和睦、社会和谐、共谋发展，是邢玉德为代表的一代共产党人的初心与归旨，也是年轻一辈义不容辞的责任与使命。

图为时任平津战役纪念馆副馆长沈岩与邓欣、邢宝萍采访间隙照

战火中成长的坦克第一兵

◆ 董蓟雄口述　陈晓冉整理

受 访 人： 董蓟雄（董来扶之子）

身体状况： 身体及精神状态良好

现 住 址： 天津市和平区

采 访 人： 王蔚、马楠、张一拓、陈晓冉

采访时间： 2024 年 3 月 25 日

采访地点： 天津市和平区

董来扶
（1929—2010）

　　平津战役纪念馆胜利广场上陈列的中国人民解放军第一辆坦克——"功臣号"我们早已熟识，我国装甲兵部队首位"坦克战斗英雄"的名号也早有耳闻，今天我们要采访的就是战斗英雄董来扶的后代，要聆听的就是有关这位坦克第一兵的故事和他的家风传承。

　　我叫董蓟雄，生于 1961 年 8 月，1976 年在北京南口镇入伍。家中有兄弟姐妹四个，我排行老二，大姐董洛英，弟弟董蓟豪，妹妹董兰杰。"英雄豪杰"既是父辈对我们兄弟姐妹寄予的希望，也是对我们的鞭策。父亲一生致力并奉献于坦克事业，亦希望家中有人将这份事业和热爱传承下去，加上我个人对技术的偏爱，15 岁便进入了坦克连队，光荣地成了装甲一师的一名坦克兵。之后，我便一直留在部队，在父亲的期望和指导下，认真研习有关坦克的各项技术，终有所获。

　　我的父亲董来扶，1929 年 9 月出生于山东诸城一个贫苦农村家庭。13 岁时

只身来到沈阳谋生，在一家日本人开的钢材株式会社当整理工。1945年10月入伍后编入八路军保安第三旅警二连。因有机械工作经验，又略懂日语，父亲被调到东北野战军特种兵纵队坦克大队，做高克副大队长的警卫员。1948年，他驾驶坦克奔赴辽沈战场，参加了锦州战役。在这次战斗后，102号坦克被第四野战军授予"功臣号"荣誉称号，父亲荣立大功一次并光荣地加入了中国共产党。在解放天津的战斗中，102号坦克冲在最前面攻打金汤桥。这次战斗后，"功臣号"全体人员荣立一等功，父亲再立一次大功。朝鲜战争爆发后，父亲和"功臣号"坦克一起出生入死，在朝鲜战场上多次立功。1949年10月1日开国大典阅兵，父亲率先驾驶着"功臣号"坦克驶在坦克装甲车方队最前面。1950年9月，他参加了全国战斗英雄代表大会，受到毛泽东、周恩来、朱德等党和国家领导人的亲切接见，被授予"坦克战斗英雄"称号。1986年，父亲从坦克一师副参谋长岗位上离休；2010年4月，他在天津警备区第七干休所逝世。

父亲风风雨雨几十年的从军生涯，和"功臣号"坦克密不可分。"功臣号"坦克和他在战场上一起出生入死，和他一起接受党和人民的检阅，和他一起获得赞扬和荣誉，他们在岁月的长河中共同成长，报效国家。

人民军队的第一辆坦克

1945年抗战胜利后，高克奉命到日本人留下的九一八坦克修理厂侦察敌特活动时发现了这辆保存较完好的97式坦克，随后他立即将这一情况上报。时任东北人民自治军副司令员的吕正操得知这一消息后很是激动，便下令让高克想办法将坦克运回来。接到任务后，高克便带着我父亲等几名战士隐蔽在工厂周围。父亲向高克请战：乔装去侦察，寻找机会，把坦克开回来。高克对他千叮咛万嘱咐：一定要注意安全，不到万不得已，不能暴露，更不能白白牺牲性命。还有，这辆坦克关系到我军坦克史上"从无到有"的突破，只有把这辆坦克顺利开回来，才算取得胜利，才算成功。

接下来的几天里，父亲穿着一件破棉袄，戴着破礼帽，一身土不土、洋不洋的打扮，在修理厂附近转悠。很快，凭借他那满脸的憨厚，再加之几句半生不熟的日语，他混进了修理厂，并在工厂内中国修理工的帮助下，和几个日本修理工混熟了。这是国民党军控制的工厂，国民党军每天监督他们修坦克。"修好坦克，就放他们回日本"的口头承诺，给几个日本修理工带来了念头，所以这几个日本修理工很下功夫。几天后，一个日本修理工咧嘴笑着说："坦克修好了。"父亲听到这一消息后，心里甚喜，急忙将这重要情报向高克汇报。高克马上召开会议，进行战前准备，目标就是把修好的坦克"抢"出来。他们周密策划，反复推演方案，研究各种可能突发的情况和应急处置方案。高克和父亲在工厂内中国修理工的帮助下，混进工厂，两人佯装试车，爬上已经修好的坦克。他俩发动坦克后，先在院子里转了几圈，守卫并未提防。突然，高克一拉操纵杆，加大油门，向大门冲去。敌人发觉不对劲，惊慌开枪射击，坦克如猛虎下山，迅猛地往门外冲，想关门的几个国民党军被撞得飞出老远，坦克吼叫着破门而出。经过和敌人斗智斗勇，他们终于成功将坦克开出敌区，这辆坦克就是屡立战功的"老头"坦克，也是我军拥有的第一辆坦克。就是它，点燃我军坦克部队的星星之火。

1945 年 12 月，在沈阳市郊马家湾子，东北炮兵司令员朱瑞宣布，由 1 辆坦克、30 人组成的东北坦克大队正式成立。其中孙三为大队长，毛鹏云担任政委，高克为副大队长，这就是我军最早的坦克部队。父亲清楚地记得，坦克大队成立那天，朱瑞司令员很激动，他挥动着有力的手臂说："这一辆坦克是个开头，是基础，是建设强大的人民坦克部队的开始，要争取早日参战，在战斗中成长，在战斗中壮大！"听后大家心情都很激动，更是对将来我军坦克部队建设充满向往。朱瑞司令的预言也确实实现了，我军坦克部队从此起步，日渐壮大。

坦克大队成立以后，父亲便参与了当时的坦克技术培训班，培训班结束时，他的成绩名列前茅。按照队里事先的规定，谁的成绩好，谁就能开"老头"坦克；但队里看他年龄小又是新兵，还是把"老头"坦克交给了比他成绩差的老兵，让他开了"小豆"坦克。父亲当时年轻气盛，心中很是不服气，他想"是骡子是马，拉出来遛遛！"没想到"小豆"坦克没遛好，反而引"火"烧身，由坦克驾驶员降为了马车驭手。但他始终没有放弃开"老头"坦克的梦想，他刻苦钻研坦克技术，吸取前车之鉴，经过不懈努力，后来终于成长为技术尖子，锦州战役前如愿以偿，当上了"老头"坦克的驾驶员。

图为董来扶和"功臣号"坦克合影

"老头车"成为"功臣号"

1946年4月初，辽吉军区所属部队及第七师包围了长春。长春之战是中国人民解放军装甲兵作战史的起点。1947年10月初，东北民主联军司令部发出命令，以战车大队为基础扩建战车团。这是中国人民解放军组建的第一个战车团。由坦克大队到战车团，父亲一直没有离开那辆"抢"来的坦克。因这辆坦克无编号、型号老，且多处有"伤"，常出故障，所以当时就给这辆坦克起了一个外号，叫"老头车"。但在父亲眼里，这辆坦克就是"铁宝贝"，对它细心呵护。在冬季，为了防止坦克发动不起来，他每次战前都先在坦克里生起炭火，用来保持温度，确保一次就能发动坦克。由于坦克室内空间小，也每次都被熏成个黑人。用他自己的话说："真是掉进煤堆里，不龇牙就找不着人。"正是他对坦克的精心保养，始终让坦克保持良好的战斗状态，使他在锦州之里战中立下功劳。

锦州战役是我军坦克首次参加的大规模城市攻坚战。我军战车团以 15 辆坦克配合步兵，强攻国民党范汉杰集团 10 万大军固守的锦州城。1948 年 10 月 14 日 10 时 45 分，总攻开始，坦克引导步兵前进。敌人的炮弹密集地向坦克袭来，但坦克手们毫不畏惧。经过实战历练的父亲，驾驶着"老头车"不断变换行进路线，急速地走出"之"字形，一次又一次躲过了敌人的炮火。在这次战斗中，敌人的枪弹、炮弹密集得连飞鸟都难通过，冲锋的步兵多半倒在血泊中。关键时刻，父亲驾驶的那辆"老头车"也掉到沟里，车底被东西卡住。坐在车里的指导员陈明急了，大声喊着："董来扶你不把车开出来，我毙了你！"

由于敌军炮火猛烈，"老头车"共发生了 5 次故障，形势危急之下父亲冒着敌人的炮火，钻出了坦克，排除了车底障碍，驾着"老头车"冲了上去，炮手几发炮弹便把东面城墙的碉堡全部摧毁，步兵蜂拥而上。在城内巷战中，敌人的一门火炮从后面连发两炮，其中一发炮弹打中"老头车"，炮塔钢板被打了几个小洞，机油箱也被打漏了。父亲见此急将坦克原地转了 180 度，一炮就把敌人的战防炮送上了天。父亲一边抢修坦克，一边前进，快到火车站时，他看到步兵又倒了一片。原来，火车厢是敌人的活动暗堡，机枪子弹是从那里射出来的。父亲沉着冷静，与炮手配合，仅两发炮弹就干掉了敌人的活动暗堡，随后又干掉敌人三个地碉和一个炮楼。攻打炮楼打出了经验，一炮打腰，一炮打顶，一下子就解决战斗，父亲时常津津乐道地回忆这段往事，并取名为"多快好省"打炮楼。在这次战斗中，父亲驾驶"老头车"单车深入，一直冲到了范汉杰的司令部，几炮过去，敌人就举了白旗。"老头车"在老城内整整打了一圈。战后，团长夸父亲坦克开得好，父亲看着指导员陈明，笑着说："开不好，指导员要枪毙我。"一听这话，大家笑得合不上嘴。

"功臣号"再立大功

辽沈战役后，东北战车部队稍事休整，即随野战军主力入关。父亲和他驾驶的"功臣号"随部队南下，参加了天津攻坚战，这是我军在解放战争中规模最大的一次坦克攻坚战。

1949 年 1 月 14 日上午 10 时，天津战役总攻开始。父亲驾驶着"功臣号"坦克配属东北野战军第一纵队，当时作战任务是突破西营门。在战斗中，父亲驾驶着坦克如猛虎下山，不断摧毁敌人的工事、碉堡，为步兵开辟通路。在坦克的掩护下，我军步兵突击队把第一面红旗插上了突破口，接着无数的红旗出现在敌人的阵地上。但敌人并不甘心失败，为夺回失去的阵地，利用交通壕不断向我军进行反冲击，企图封锁突破口。父亲等人用坦克火炮向敌人的交通壕轰击，连续射出 20 余发炮弹，将敌人通向前沿阵地的交通壕夷为平地。我军步兵抓住这一有利战机歼灭敌人，打退了敌人一次又一次的反攻，巩固了突破口。我军突击部队在坦克和工兵的有力配合下，突入市区进行纵深战斗。而在天津巷战中，父亲驾驶坦克掩护步兵沿着自来水公司向金汤桥方向冲击，用坦克火炮接连摧毁敌人的 3 个暗堡和 5 个火力点，为我军步兵扫清了前进中的阻碍。在"功臣号"坦克的支援下，东西对进的解放军在金汤桥迅速完成会师，拦腰斩断国民党守军，为天津战役的胜利奠定了基础。

开国大典光荣受阅

北平和平解放的文本协议签订后，刚刚进行完修整的"功臣号"坦克，接到了新的任务：担任北平外围防御，参加北平和平解放入城式。1949年2月3日，"功臣号"参加了北平入城式，坦克装甲车队沿途受到京城百姓的热烈欢迎，还特意绕经东郊使馆区，向外国人展示人民解放军的强大和中国新天地的开始。3月25日，"功臣号"坦克参加了中共中央和人民解放军总部在北平西苑机场举行的阅兵式，接受毛泽东主席和朱德总司令的检阅。最初父亲他们并不知道是参加开国阅兵，只知道是参加重要的庆祝活动。参训之初，父亲就和战友们一起把坦克从里到外擦拭得一尘不染，又从上到下喷了一遍油漆。随着训练的工作量加大、整团合练以及文件的学习，大家慢慢明确了任务。在训练场上的3个多月，大家也是集思广益，各献高招妙招，绞尽脑汁地让坦克一直保持在最佳状态。

1949年9月30日，父亲驾驶"功臣号"坦克来到天安门广场东侧的指定地点。他曾经回忆道："我们组兴奋得彻夜没合眼，尽管白天已经把炮管和坦克擦得锃亮的了，但到指定地点后，又趁着夜晚的路灯，反复对坦克进行察洗。脸不洗没事，但坦克不擦可不行。"1949年10月1日中午，父亲所在坦克装甲车队吃的是高粱米煮白薯和咸菜，但他们感觉那可比现在吃山珍海味还香。参阅的每辆坦克设有车长、正副驾驶、炮手和机枪手5人，父亲是"功臣号"坦克的车长兼正驾驶。父亲和他的战友们驾驶着"功臣号"坦克行进在坦克方队最前面，光荣地接受党和国家领导人的检阅。他后来回忆："当时坦克挂的是二挡，车速控制在15公里。这样的速度，最能显示出坦克方队的雄壮和威风。天安门城楼上，毛主席高兴地向我军坦克部队挥手致意。"1950年，"功臣号"坦克光荣"退休"，1959年被"请"进了军事博物馆。"功臣号"坦克作为中国人民解放军装甲兵建设与发展的历史见证，成为我军现代化建设的一种无形的精神力量。父亲生前曾多次到平津战役纪念馆参观，去看望胜利广场的"功臣号"坦克。那虽然不是曾经常伴他左右的"功臣号"坦克，但一定程度上缓解了他对军旅生涯的想念，对"功臣号"的思念，同时也体现了他对国防教育事业的热衷。父亲经常应邀到部队、学校和社会团体等单位做报告，把过去几十年的亲身经历，把我军的光荣传统和优良作风讲给下一代，让"勇往直前、战无不胜"的"功臣号"精神薪火相传。

迎来胜利曙光

抗美援朝时期，父亲担任坦克二连连长。马良山战役是解放军装甲兵史上的一个辉煌战例。多年后，父亲依然记忆犹新："马良山战斗前，我回国参加1951年国庆观礼。战斗打响后，我才赶回连队。开始是副指导员柴景琛指挥，后来我参加了指挥。"马良山位于朝鲜涟川西北，距临津江4公里。这座山有3个鼎立的高峰，形如马蹄，地势险要，是双方必争之地。马良山最初被志愿军先行占领，英、美两军每天以近两个团的兵力对马良山进行多梯队的轮番攻击，每天发射炮弹3万多发。由于寡不敌众，诸多高地相继失守，敌人直逼马良山。

1951年10月5日，敌我双方争夺马良山的战斗打响了。敌人在3个小时的炮火攻击后，又用一个加强团的兵力，在50余辆坦克、40余架飞机及炮兵的火力支援下，向我军连续进攻。在6天的激战中，马良山经过了失守、夺回、再失守、再夺回的反复争夺。虽然中国人民志愿军歼敌2000多名，击落击毁敌人飞机20多架、坦克6辆，缴获了敌人大量的枪支弹药，但还是在英、美两军联手强攻中被英军皇家苏格兰团占领了马良山，志愿军一时处于被动局面。危急时刻，上级命令父亲任坦克二连和坦克四连的连长，配属六十四军一九一师一个团，反攻马良山。在马良山主峰防守的是英军皇家苏格兰团一营，该营的营长曾多次转战日本、法国、德国和非洲战场，作战经验十分丰富。占领主峰后，该营长命令部属构筑了由明碉暗堡组成的多层地堡群，前沿设有10米宽的铁丝网，以及由手拉雷、脚踏雷、照明雷构成的混合雷场。11月4日下午3时，总攻开始。志愿军两个坦克连掩护步兵冲向主峰。坦克兵把第一批炮弹送上敌阵地，敌人占领的高地应声腾起浓烟，其工事和地堡被击中达90%以上。坦克火炮攻击15分钟后，由步兵轻武器射击。英军以为志愿军步兵已经接近他们阵地前沿，于是纷纷跑出工事阻击。这时，坦克火炮进行第二次火力逼射，敌人被炸得血肉横飞，暴露的明碉暗堡也大都被志愿军坦克摧毁。

在第二次火力袭击15分钟之后，英军四个炮群一齐开火，炮弹如狂风暴雨般飞向志愿军坦克。紧接着，13架敌机连续五次向志愿军进攻，轮番轰炸、扫射，炸弹、汽油弹如雨点般从天而降，二连的两辆坦克被燃烧弹击中。此时，离步兵向主峰发起冲击还差两分钟。父亲指挥战士们纷纷跳出坦克，拼命扑打大火，炮手始终没有停止射击。坦克上的大火很快被扑灭，英军残存火力点也全部被摧毁。志愿军步兵按时发起冲击，顺利占领马良山主峰，夺回失地。除消灭的大部分敌军外，幸存少数敌军皆举手投降。事后，在被坦克打垮的洞堡中，发现了英军营长的尸体。马良山战役，坦克二连荣立集体二等功，父亲荣立了个人三等功。

抗美援朝战争胜利后，"功臣号"坦克被列入北京军区装甲兵序列。1959年7月，父亲护送"功臣号"坦克入藏中国人民革命军事博物馆，并建议把战争中更换的57毫米炮换回原来的47毫米炮。我清楚地记得父亲说过："以历史之真，传历史之实。让世人参观，就应恢复原貌，才能永远记住它为中国革命做出的卓越贡献。"

军人之家的传承

　　像父亲这一辈老革命家生活作风都非常低调，他从来不提自己的任何功勋、荣誉，更不许我们在外以此作为炫耀的资本，反而一直教育我们，无论在学校还是在部队，不许搞特殊，不许依靠别人，凡事要靠自己。所以在部队从军多年以后，战友们才知晓我的父亲就是坦克英雄，得知情况后大家对父亲的崇拜更是难以言表。父亲也没有将家属安置于当时的部队大院，因此我们家一直住在镇上，与普通百姓打成一片，并无二异。父亲是个工作狂，在家的时候很少，和我们在一起的时间也非常有限。抗美援朝胜利后，他在部队主抓训练，常驻教导队（马伸桥镇）。教导队离家（邦均镇）70多里，部队领导见他离家太远，主动派车接送他，但是父亲拒绝了。后来他自己买了一辆自行车，靠骑自行车往返于两地。父亲在生活方面非常节俭，他自己身上的衣服都是补丁加补丁，同时告诫家里人衣物都是能缝就缝，能补就补，叮嘱我在部队的军装也是都穿烂了才能上交，给国家节省资源。家里平时的日常生活用品父亲也有要求，比如板凳、锅盖坏了都是自己能修就修，直到完全不能用为止。因此我们家里的东西都是寿命最长的、效率最高的，轻易不会丢掉。

　　入伍前，父亲对我提了要求：没学好专业不准回来，没入党不准回来。进入部队后，我牢记父亲的教导，努力学习，不负期望，在射击、驾驶等各项技术上皆取得了一定的成绩，荣获连队一级射手、特级通讯、三级驾驶称号，对于当时坦克上的各项技术基本已经精通，成为掌握坦克三大技术的全能乘员。这与父亲多年以来对我的鼓励、教导与鞭策有着密不可分的关系。在部队这些年，父亲经常给我写信，关心我在部队的状态。一是看我思想状态是否稳定，二是看我技术学习的进度，有没有遇到学习上的困难。有时候我给父亲回信中有错别字，或者语句不通的地方，他便会给我圈出来，或者帮我在后边另附一页逐句改正过来，就像老师修改作业一般认真。他一直在信中嘱咐我踏踏实实当兵、认认真真学技术，也常常在信里和我探讨一些关于驾驶、射击等技术上的问题，比如如何准确观察路线，如何做到观察视角最大化，如何及时换当、增减挡，远程把关，传授经验，他对专业技术的学习非常重视。因为他一直坚信许光达司令员所说的，没有技术就没有装甲兵。技术确实是装甲兵部队的核心。

图为董来扶子女四人在平津战役纪念馆合影

受父辈影响，我们兄弟姐妹对军旅生涯皆有向往，也想像父亲一样保卫国家。姐姐和弟弟也都先后当了兵，妹妹也从事相关工作，这也是对家风的传承。包括下一代，我的儿子，也从小受爷爷教导，牢记家风传承，努力学习本领，尽可能地服务于人民，为国家贡献力量。从天津中医药大学毕业后，他考入社区医院，成为一名社区医生。他既是社区的志愿者，平时为社区的居民免费服务，还曾作为优秀医生代表远赴甘南藏族自治州舟曲县开展对口支爱工作。他入选了天津市"131"创新型人才培养工程，获得"天津市扶贫协作和支援合作工作先进个人""全国最美家庭"等多项荣誉。一代人有一代人的使命，一代人有一代人的担当，但是父辈传承下来的家风不变，初心不变，我们子女后辈会一如既往地牢记教导，将这些优良品质传承下去，将宝贵的精神发扬下去。

图为董蓟雄在接受采访

图为董蓟雄同平津战役纪念馆采访人员合影

天津战役中负伤

◆ 刘福海口述　马楠整理

受 访 人：刘福海（刘兴旺之子）
身体状况：身体及精神状态良好
现 住 址：广西桂林市象山区
采 访 人：刘佐亮、时昆、张一拓、宋福生
采访时间：2023 年 9 月 24 日
采访地点：广西桂林市象山区

刘兴旺
（1921—1993）

父亲的从军之路

我的父亲是叫刘兴旺，河北省保定市博野县人，生于 1921 年 7 月，有兄弟姐妹四人，父亲是最小的，因为我爷爷去世较早，家中生活困难，所以我奶奶就把二伯送给亲戚家抚养。我大伯、姑姑和父亲在我姑父的影响下先后参加了革命。我姑父是一名老共产党员，抗日战争期间，在河北省安平县任安平县共产党政府的公安局局长，抗日战争中牺牲，为烈士。我大伯刘兴邦自幼少时习武，参军后被分配到贺龙元帅的一二〇师大刀队，姑姑刘凤启抗战时期参加革命，在本地担任妇救会会长。

父亲于 1937 年 10 月参加八路军，参军时 16 岁，1939 年加入中国共产党。入伍时父亲在晋察冀军区二分区当战士，后在冀热辽军区特务营当排长，1948 年 1 月 20 日，我军与国民党军在辽宁新立屯有一场规模较大的战斗，东北野

战军一纵、八纵向国民党第四十九军二十六师发起的围歼战,此战歼灭了敌军9000多人,当时我父亲任一三五师四〇四团四连连长,在进攻惠家窑的战斗中,父亲率领四连歼灭敌守军一个营部和两个步兵连,创造了一打三的战绩,上级因此给四连记集体大功一次。在辽沈战役结束后,东北野战军入关的路上,我父亲作为四〇四团二营代理营长,率领二营担任为全师开路的引导任务,地方指派的向导,因嫌路程太远,故意带偏到另外一站,到地方后,父亲打开地图核对,发现走错了地方,把向导抓过来寻问,才知道是向导故意为之。因为当时要求在敌人没有察觉的情况下迅速入关,父亲率领的是前卫营,后面的大部队要沿着他们的行进路线跟进,如果因绕路耽误了部队入关的时间和进程,前卫营要负很大责任,所以当时父亲气昏了,当即命令几个战士把向导揍了一顿,然后将其送回了家。随后跟进上来的纵队司令部,正好住在向导居住的村子,向导就叫家人把他抬到司令部去闹,大叫解放军打人,当时的纵队首长听了后也十分恼火,下令追查这件事是谁干的,最后查到是我父亲,但也知道了事出有因,所以就把父亲的代理营长职务撤掉了,改任副营长。

天津战役发起时,四野参谋长刘亚楼作为战役总指挥,曾经宣布,以金汤桥为中心,哪支部队先打到金汤桥,就命名为金汤桥连,所以四面八方的部队都朝着金汤桥方向前进,都想获得这个荣誉。父亲作为四〇四团二营副营长,率领二营四连冲在部队的最前面,考虑到是近战巷战,很可能和敌人迎面相撞,于是他把手枪插到后背皮带上,手里拿着一把工兵铲,如果和敌人撞上了,就用工兵铲劈向敌人,他认为距离这么近,工兵铲比手枪还适用,在这一个细节上可以看得出,他是跑在队伍最前面的,因为跑在队伍中间和后面就用不着提

防和敌人迎面相撞了，从这里可以看得出共产党干部带兵和国民党带兵是不一样的，共产党干部习惯下令是"跟我来"，而国民党军官是习惯喊"给我上"，干部做到身先士卒，这也是部队战斗力能如此强悍的原因。

父亲率领四连冲到金钟河大街时，被一个巨大的碉堡拦住了去路，当过国民党兵的解放战士陈凤山抱起15斤的炸药包，炸毁了这个大碉堡，炸死的敌人约有一个排，到达金汤桥后，我父亲观察到敌守军工事坚固，易守难攻，忽然想到炸碉堡的解放战士陈凤山还穿着国民党军装，就和四连连长李宝同、指导员赵瑞商量，让陈凤山走在队伍最前面，迷惑敌人。由于当时天还没有亮，远距离看不清楚，陈凤山带着四连走上桥头，敌人还以为是前线退下来的国民党部队，没问清楚就把四连放上了桥，陈凤山第一个把红旗插上了金汤桥，后来也因此获得了一枚毛泽东奖章。上桥后，父亲发现他们所处的态势十分不利，东西两端桥头的国民党部队还没有被消灭，天亮后一暴露，就会受到东西两面夹击，觉得还是以消灭敌人为主，于是他命令四连从桥上撤了下来。这时，四〇四团三营七连也赶到了，父亲作为在场唯一的营职干部，协调指挥了四连、七连两个连队共同攻打金汤桥，至5点30分左右，全歼了桥头守敌180多人，攻占了金汤桥。父亲在天津战役中右腿被炮弹炸断，后被抬到战地医院治疗，从医院归队后，因腿伤还没全好，上级安排他担任师教导队长。

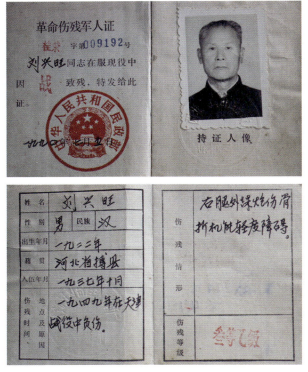

图为受访人父亲的革命伤残军人证

（填写证件时出生年份有误）

衡宝战役

　　四野大军南下，以白崇禧为首的敌人最强有力的一个重兵集团，在湖南布置了一个口袋阵，迎击我军。当时四野全军暂时停止前进，由于一三五师关闭了电台，无线电静默行军，因此没有收到上级的命令，按原定作战计划，直插到湖南南部的邵阳（原名宝庆）邵东灵官殿地区，待打开电台与上级联系时，才知道四野全军已停止在湖南北部，一三五师已孤军深入湖南南部敌人的心脏里，白崇禧也发现了一三五师，随即命令其看家部队钢七军等四个师合围一三五师，当时，丁盛师长在敌人兵力四倍于我的不利情况下，没有选择撤退，而是主动攻击迎战敌钢七军，由此拉开了衡宝战役决战的序幕。在此次战斗中，父亲率领四〇四团三营在湖南邵东市灵官殿地区界岭铺迎战敌一七二师的一个团，战斗异常惨烈，最后歼敌300多人，并击垮该团，金汤乔运第七连指导员高仁凤也牺牲在这次战斗中。新华社原社长穆青曾写过一篇《界岭夜同》的文章，侧面介绍了这次战斗。一三五师在这次战役中创造了猛虎扑兰、腰斩七军的英雄战绩，从此一三五师也有了"猛虎师"的荣誉称号。

南下剿匪

父亲率领四〇四团三营在广西象州县一带剿匪，在一次战斗中，土匪有五六百人，当时土匪为了扩充自己的队伍，抓了几十名青壮年放进队伍中，土匪被消灭了，这几十名青壮年也被误伤致死。父亲后来回忆说，当时不知道土匪队伍中有刚被抓的老百姓，而且土匪不穿军装，和老百姓的服装很难分辨，所以造成了这次误伤。被误伤群众的家属集体到县政府告状，县政府把情况汇报到广西军区，广西军区严令追查此事。丁盛将军当时是四十五军副军长兼一三五师师长，得知情况后，连夜赶回一三五师师部，把我父亲做了撤职处理，并派往四野总部上干大队（武汉高级步校前身）学习，就这样父亲离开了四十五军。学习结束后，上级把他分配到刚成立的解放军第二十四步兵学校，在学员大队当队长。1953年初，得知四十五军作为最后一批抗美援朝部队入朝作战，父亲便急忙去广东找到老首长丁盛军长，要求回老部队参加抗美援朝，并带回了四十五军的商调手续，但军校领导考虑到他是从武汉高级步校学习回来的，军校正需要这类干部，就不同意调离。因未能去参战，父亲与军校领导闹情绪无法很好地工作，最后军校对他做了转业处理，就这样父亲离开了军队。

我眼中的父亲

　　父亲对我们兄弟姐妹要求非常严格，不会为我们工作的事找人拉关系或打招呼，姐姐从上学到工作都是自己努力争取来的。哥哥的工作是父亲安排的，那时父亲是当地交通局局长，因为没有人愿意当道路养护工人去修马路，父亲就要求哥哥报名，哥哥不想去，还被父亲扇了一记耳光，虽不愿但最后还是听从安排含泪去报了名，从养路工人做起，勤勤恳恳在自己的岗位上工作了一辈子。我是1977年回老家保定插队一年，插队的第二年从那里参军，1978年在海军部队服役。20世纪80年代初，正赶上了百万大裁军，那时部队又开始从军校中培养干部，一般不从战士中提拔干部了，我就向父亲提出，让他把我调到他的老部队里去，当时父亲的很多老战友都在军队里当领导，调一个兵很容易，如果能调过去，对我的前途肯定是有帮助的，但父亲断然拒绝了我的要求，说我不好好干，竟想歪门邪道，走后门的思想不正确，最后我只能随着裁军大潮退役了。我女儿从小跟我父亲很亲近，经常谈心聊天，后来她师范大学毕业成为一名小学老师，也是我父亲的愿望。

图为刘福海先生与平津战役纪念馆采访人员合影

战场上的"英雄救美"

◆ 栾广生口述　马楠整理

受 访 人：栾广生（栾润田之子）
身体状况：身体及精神状态良好
现 住 址：广东省广州市越秀区
采 访 人：时昆、王蔚、张一拓、马楠
采访时间：2023 年 7 月 27 日
采访地点：广东省广州市越秀区

栾润田
（1928—2021）

我们在 7 月下旬采访了栾先生，那时正值广州暑热难耐的夏季，到了约好的地点已是满身的汗。栾先生把我们带到采访的地方，可能是当了几十年警察的缘故，栾先生看起来很严肃，简单聊了几句，我们便开始了这次采访。慢慢熟悉起来，栾先生也打开了话匣子，给我们讲述了他的故事。提起去云南时的经历，他说："虽然很艰苦，但这些经历对我的三观有很大影响。自己的亲身经历比别人再多的说教都要管用，这段经历在我整个人生中是值得的。"

父母战场二三事

我的父母都参加过抗美援朝，母亲叫乔健，辽宁大连人，父亲叫栾润田，山东烟台人，父母都在四十二军，父亲参加过抗日战争，母亲参加过解放战争。父

亲在四十二军的保卫部门工作，一直在军队领导身边。母亲在参加抗美援朝时受过伤，当时母亲在文工团，担任分队长，除宣传工作就是救助伤员。当时的战场上条件有限，没有非常专业的医生和护士，而且那时候打起仗来形势那么紧

张，不可能还演出，文工团的女同志还要学些救护知识，担起救治的责任。当时志愿军打仗时每星期都要后撤进行弹药和粮食补给，在一次志愿军打到弹尽粮绝需要撤退补给的时候，母亲正带领分队在坑道里救护伤员，当时部队撤得比较急，可以说

图为受访人栾广生先生

是比较慌乱的，就把这些人忘在了坑道里。因为全部精力都集中在抢救上，救治分队的人也都没注意到部队撤退了。那时我父亲正在跟我母亲谈恋爱，就总关心他女朋友跑哪去了，每次撤退的时候父亲就会关注一下各个部队撤退的情况，一查才发现母亲所在的这个小分队被忘在了坑道，父亲就向领导报告了这件事，领导当时就发火了："那么多的同志，这是我们的财富，你们怎么能够把他们丢掉。"当即就派部队去营救。当时母亲所在的阵地被美国兵占领了，不过值得庆幸的是救治分队躲避的坑道比较隐蔽没被敌人发现，躲过了一劫。被成功营救回来后，因长时间在潮湿、阴冷的坑道里照顾伤员，母亲的脚已被冻得没有了知觉，鞋子无法正常脱下，战友帮母亲将鞋子剪下来，发现她10个脚趾中有5个脚趾已发黑，只能截掉。战友们说母亲能够撤回军队也算是父亲"英雄救美"，这些事情也都是从别的前辈回忆录中得知的，因为父亲一直负责保卫工作，嘴巴很严，所以从不说这些事情，母亲也没怎么说过，他们只是偶尔提起，但也就是调侃几句。

　　后来我又听到我父亲在战场上的一次经历。我父亲在四十二军部队保卫部门工作，那时他们都要待在坑道里，坑道里的空气很差、张闷，又没有排风的地方。有一天快到黄昏时，外面没有什么枪炮声了，有位领导就想自己一个人走出坑道散散步。我父亲看到，马上就把他拦住了，说外面很危险。但领导认为那么平静，又没有枪炮声，没有危险，可我父亲就不让他走，也当时还对我父亲发了火，说领导出去你拦什么。我父亲拦不住，作为警卫又要保护他长安全，就马上叫了四个小组将四个方向一两百米的范围内全部搜了一遍，发现有四个潜伏在周围的韩国人，他当时就紧张了，马上向父亲道歉，真没想到外面还有这些人，根本没有警惕，如果真的是一个人出去散步，不让警卫跟着，要么被暗杀，要么被抓走。这些事情我都是从别人口中得知的，我父亲从来都不跟我讲。

图为受访人母亲乔健第一排（中）

图为受访人父亲栾润田的独立功勋荣誉章

图为中国人民抗日战争胜利
70周年纪念章

图为中国人民志愿军抗美援朝出国作战
70周年纪念章

父母对我的影响

　　现在回忆起来，觉得父母对我的影响是很大的。父亲一直严于律己，无论是在工作还是生活中都严格要求自己。父亲离休以后去了干休所，那时候他60多岁，身强力壮，干休所党委就任他为党委副书记，当时干休所要给父亲配备车辆方便他出行办事，但父亲觉得自己可以解决出行问题，就拒绝了。干休所大院里住了200多户，平常各家有个什么事儿或闹什么矛盾都愿意找父亲出面解决、调解，理由是他为人正直、说话有用，大家都听他的。父亲在那儿连续工作了十多年，后来因年纪大和身体原因还是辞去了党委副书记的职务。父亲的高风亮节、不见钱眼开对我的影响是很深的，包括我母亲也一样，从不贪图小利。我父母后来都担任领导职务，但从未利用职权谋取利益，父母对我潜移默化的影响，让我在后来的从警生涯中始终保持初心，不因为权力和诱惑迷失自己。

在16岁时，广州军区海南生产建设兵团到学校招人，我当即就决定去海南，但到了那里才知道比在农村学工学农时的条件还要艰苦，蔬菜极少而且品种单一，一种蔬菜要连续吃上两个月才会换，一日三餐中只有两顿有蔬菜吃，剩下的那一顿饭只能吃萝卜干，而且那时的萝卜干闻起来有些臭，与现在的萝卜干完全不一样。住的房子也是自己用茅草搭的，茅草里蛇虫鼠蚁有很多，像老鼠掉在床上、白蚁啃床板、晚上有拇指粗的蜈蚣从茅草里爬出来这样的事儿都发生过。夏天时屋子里地上的茅草会长很高，高到顶床板，就得用刀把茅草都割掉，才能睡觉。我们在那里每天要工作12个小时，开荒、种地、割橡胶什么都干，劳动任务繁重，不定期还会开展义务劳动，并持续一个月，在这一个月里我们每天都要在河里捞沙子，然后将捞出的沙子扛回住地堆砌够一个立方，除了沙子，我们还要堆砌一立方火烧土和石头。捞沙子是最累的，有时我会干到虚脱。不过让我印象很深的还是有一次因不适应海南的气候得了重感冒，在床上躺了一天没吃东西也没喝水，第二天摇摇晃晃起床，想去水房打点水喝，半路上被营长叫去扛大米，第一袋还能勉强扛得动，扛第二袋时没走几步就被米袋压倒在地，周围的人让我赶快翻身躺在米袋上，否则会被米袋压死。然后大家把我扶到称大米的地方休息，看着放在秤上的大米足足有100公斤，我也走到秤上称了下体重，才40公斤，还没有半袋大米沉。我割橡胶时拍了张照片寄给家里，母亲回信问我怎么这么瘦，都已经皮包骨头了。那时虽然身体瘦弱，营养不良，但依然干劲很足。除了生产劳动外，大概一个多月两个月还要训练一次，有冲锋枪，还有无后坐力炮，我还是炮手，要在山上训练打炮。

1975 年，我从海南调到肇庆，在工厂当技术工，同时担任工厂党支部青年委员、共青团支部书记、工会主席。在华南理工大学到工厂招生时（那时候叫华南工学院），我作为优秀工农兵学员通过面试优选进入华南理工大学学习，毕业后分配到公安厅，一直工作到退休。广州地区经济发展比较快，当时的权力较大，诱惑也多，容易使人迷失方向，但父母的言传身教让我始终保持清醒，严于律己。

乔健、栾润田合影

回忆父亲参加抗美援朝的往事

◆ 顾红樱、顾红霞、陈宏 口述　马楠整理

受 访 人：顾红樱、顾红霞、陈宏

身体状况：健康

现 住 址：新疆维吾尔自治区乌鲁木齐市

采 访 人：时昆、张一拓、马楠、陈晓冉

采访时间：2023 年 5 月 14 日

采访地点：新疆维吾尔自治区乌鲁木齐市

顾海山
（1931—1993）

　　顾海山，曾用名顾世涛，1931 年 1 月生，祖籍江苏海安。从江苏海安区游击队到县（团）大队，直至 1947 年加入中国人民解放军，任陆军第五十八师一〇七营三连机枪班班长、师部文书等职。参加淮海、平津等战役，渡长江、攻南京、占上海，系首批入朝参战的志愿军，是中国人民志愿军陆三第五十八师一〇七营三连与美国王牌军陆战一师首次交战中仅生还的 13 名最可爱的人之一，参加过奇袭敌首都师精锐"白虎团"、上甘岭等战役，参加过大小战斗 140 余次，3 次负伤，屡立战功，共荣获军功章 12 枚，中华人民共和国国防部授予"一等功"勋章。

　　1956 年毕业于中国人民解放军陆军第五十八师文化学校，转业后从事教育工作，1987 年获小教高级职称。

　　顾海山同志半身戎装半身执教，为人民解放事业和教育事业作出了重要贡献。1993 年 1 月 6 日，病逝世于中国人民解放军第二〇医院。

关于父亲参加抗美援朝的事，都是小时候听父亲（陈宏是顾海山的二儿媳、顾红樱是大女儿、顾红霞是二女儿，为了方便叙述，以下全文统称父亲）讲的，40多年后的今天，再来回忆，具体的时间、地点、人物、事件等也都模糊了，只记得事儿了。父亲离开我们30年了，今年恰逢抗美援朝战争胜利70周年，特作此文记述父亲的这段红色往事，谨此作为对父亲的纪念吧。

那是1950年的冬天，父亲所在的连队正在集训，突然接到北上的命令，部队立即乘火车一路北上。傍晚时分，部队集结到鸭绿江边。准备过江前，每个人都去掉了中国人民解放军的标志，连同个人物品，每人一个小布袋，装起来封存在连部。连指导员做了非常简短、明确、有力的战前动员。那时鸭绿江上还没有桥，待到鸭绿江大桥建成时，已是之后的事了。

过了鸭绿江就一路向南穿插急行军

东北的雪下得早，那时鸭绿江面上只有用松木一根连着一根铺成的浮桥。天将黑的时候，部队就踏着浮桥过江了……最先入朝的中国人民志愿军，是采取了一系列伪装措施秘密入朝参战的，这让正在向中朝边境疯狂进犯的"联合国军"毫无察觉。

暮色中，鸭绿江对面的岸边只有一个排的朝鲜女兵，胸前全部挎着冲锋枪，个个飒爽英姿，但只列队简单欢迎之后，便消失在暮色之中了。过了鸭绿江，站在江边回望祖国的方向，已是万家灯火，一片灯火通明；转头看看朝鲜，到处都被暮色笼罩着，黑咕隆咚的，没有一点生机活力……

军情紧急，连首长要求很严格，大家也都顾不得多想，也没有人议论。过江后，部队没有休整，直接在向导的带领下，迅即向南穿插。刚进入朝鲜，大家也都分不清楚东西南北，没有人说话，只是一路急行军。

部队基本上是白天埋伏在山里，晚上行军。秘密行军，不能生火做饭，每个人一天的口粮是 3 个土豆，但就这也吃不完，因为朝鲜特别寒冷，放在挎包里的土豆冻得硬邦邦的，每次只拿出一个放在心口窝捂着，一会儿拿出来啃一点，饭就是这么吃的。渴了，就随手抓把雪吃。

一路上只见到被美军飞机炸毁的村庄房舍和被炸死的大人及炸死的小孩，有的小孩子还趴在母亲的身上，就这么活活饿死在冰天雪地里，尸体没有人收拾掩埋，都还以各种姿势倒在雪地里，状况令人目不忍睹。这是在国内从未见到过的悲惨场面。部队一直向南穿插行进了 13 天，路上始终没有见到一个朝鲜当地的活人。

遭遇美军打了入朝第一仗

部队行进到第 13 天的晚上，前面的侦察兵来报，发现了美军的营地。连长派出 6 个人去摸几个美军。6 个同志摸上去一看，白花花的雪地上是一大片席地而睡的美军，他们每个人一个鸭绒睡袋。侦察兵们一人扛起一个鸭绒睡袋就跑回来了。还没有来得及审问，对面的美军就发现了。

敌人的排炮地毯式轰炸起来，每隔一米多一排炮弹落下。在美军密集的炮火下，连长命令九班长（父亲是九班机枪班长）用机枪压制敌人。可两梭子弹还没有打完，美军的炮火就压得我们抬不起头来。我们一个加强连，与美军交手不到半小时，就已经所剩无几了。

入朝第一仗，因为不掌握美军作战的特点，特别是在中美两方条件极不对称、环境又极为艰难的情况下，打的这场仓促应对的遭遇战，我们部队的伤亡情况很重。连长命令父亲立即返回去向营指挥部报告情况。

奉命去营指挥部报告

　　父亲只带了一支苏式汤姆森冲锋枪便往回返。营指挥部还在身后第四座山顶上呢。当他爬到第三个山峰脚下时，美军的一发炮弹在他身边爆炸，炮弹片击中了他的大腿内侧，腿立即失去了知觉，不听使唤了。低头看，一截比啤酒瓶粗的炮弹后壳扎在大腿上。他一狠心，手抓住炮弹壳用力一拔，鲜血随即喷涌而出，他赶快用随身携带的绷带，连带着棉裤一起扎紧止血，然后拖着一条不能动的伤腿继续向山顶爬去。

　　山野里只有他一个人，四周是美军的炮弹在不停地爆炸，天上是美军不停地打上去的照明弹，把天空照得如同白昼，在漫天大雪的映衬下，显得大雪更加纷纷扬扬……不绝于耳的炮声就是命令，父亲拖着一条伤腿奋力向山顶爬去……

　　不知道过了多久，终于爬上第四座山顶，找到了营指挥部，报告了前方的战斗情况。营长说："你的任务完成了，不用返回去了。"随即用手指了指旁边的简易掩体说："你先在这里休息，待天亮了有后方收容队来收容……"

在营指挥部掩体里待援

　　父亲向掩体里一看，只是一个不大的长方形坑，仅能蹲下身子，还敞着口，里面已经有 3 名伤员了，都伤得很重。天上还下着大雪呢，如果不把掩体盖上，大雪一会儿就会把掩体填平，伤员也会活活冻死的。但用什么盖呢？白茫茫的山上，除了到处是积雪之外，别的什么也没有。父亲只好忍着自身的伤痛，把 3 名伤员的被子打开，把他们的枪担在坑口上，在上面盖上被子。坑很小，3 名伤员又都不能动，父亲只能蜷缩在坑边上。心想，如果一发炮弹落到坑里，4 个人立马"报销"了，但当时也没有其他的办法……

约莫到了下半夜，迷迷糊糊之中，感觉外面的枪炮声停了。父亲推了推身边的战友，一个人都不吱声，都牺牲了……父亲用力把头从被子下面探出来一看，漫山遍野都是茫茫白雪，也不知道营指挥部什么时候撤走的。山上现在只有父亲一个活人了，四周一点声音都没有，只有白雪反射的阳光，刺得人眼睛都睁不开……

父亲爬出坑来四下看了看，什么都没有，想走，才发现昨晚上鞋子已经跑掉了，还光着脚呢，脚已经冻肿了，脱下战友的鞋子，可怎么也穿不进去了。只好用刺刀割开被子，掏出棉花把脚包起来，再把被面撕成条，把包裹起来的脚用布条扎紧……

父亲伏在山上向山下搜索，突然看到一队黑点向他这边慢慢移动，是什么？是敌还是友？再看，慢慢发现山下来的这些人全身都是黑衣服，不像是美军，应该是东北民工的担架队。

两只脚冻伤了，大腿又负伤了，不知道敌军在什么地方，不能喊，更不能鸣枪，但必须下山，否则冻饿也会很快要人命的。情急之下，父亲把几条被子展开，把自己包裹成一个大棉球，为了避免滑行中冲撞到山坡的树上，就用一条未受伤的腿伸在前面，当作方向盘，万一撞到树上了，也好用脚蹬住树。一切准备妥当了，父亲把枪背在后背上，双手抱住那条受伤的腿，就从山上滑雪下去了……

山下人看到从山上面滑下来一个东西，跑过来一看，是志愿军战士，立即欢天喜地。几个人不由分说，就把父亲抬到铺着虎皮的担架上，用绳子扎紧，防止山路上掉下来。担架队就带着我父亲往返回的方向走了……

担架队在一个山洞里汇合后，父亲才知道我们一个加强连现在只剩了18个人，并且全部负伤。连指导员伤的最重，连长牺牲了，三连基本上打光了。

山里有很多美韩两国散布的特务，他们白天打冷枪，晚上打照明弹……我们这支由担架队带着18名伤员的后撤队伍，除个个是重伤外，为了适应走山路的需要，每个人都被牢牢地绑在担架上，遇到敌人，根本无法作战。所以，只能白天藏在山洞里，晚上向后方转移。大家一连好几天都没吃饭了，伤病再加饥寒交迫，形势不容乐观，但山里也没有人家，实在是没有吃的东西啊，只能硬着头皮派人出去找吃的。突然有一天，发现山坳里有几间土房子，几个人偷偷摸过去侦察，发现不是敌人。于是上前去问才知道，是朝鲜人民军的一处粮站。说明情况后，运气还不错，人家给了一点米、几棵干白菜，其他就没有了。回来在外面找了几个敌人丢掉的钢盔，吊起来当锅，把干白菜和米一起，用雪水一泡，算是真正做了一餐饭，大家吃到了入朝以来的第一顿热饭，个个都吃得特别香。

朝鲜的山里，晚间的天上常常是被敌人特务不停地打照明弹，亮得如同白昼。我们的担架队在返回祖国的途中，看到中国人民志愿军大量的后继部队不停地向南穿插。朝鲜的山间公路都是斜面的，车辆一旦被敌机打中，就自动滑到路基下面去，便于后面的车快速通过。驾驶员的技术都特别好，运输车辆晚上行驶在山路上都是不开车灯的，而是借敌人晚上的照明弹跑车。山路上，一辆辆装满弹药物资的大卡车飞快地开过去。担架队只能顺着山间公路往后方走。一次担架队走到一处窄路处，只能一个人过，运输车队也赶着过，担架只能放在路边沿上，民工们伏在路基下面。一辆十轮大卡车的轮子从指导员的担架边上压过去，只听"咔嚓"一声，担架一边的木杠子被压碎了，声音十分吓人。车过后，大家都以为指导员牺牲了，担架队员一齐呼喊着指导员的名字，快速爬上来一看，担架只是一边的杠子压碎了，人没事，真是有惊无险……

走到第17天，突然发现前面有铁轨延伸到了一个山洞里。派人去看，里面有几节空火车皮。父亲说，空车皮肯定是去后方的，便让民工们把大家全部搬到空车皮里。果然，半夜里，突然听见铁轨轰隆隆地响起来了，不一会儿，只听"咣当"一声，火车头挂上空车皮就走了。等到天亮，大家一看，已经回到了国内……

东北老乡们特别热情，争着抢着把志愿军伤员往自己家里抬。父亲被一家东北人"抢"了回去，一把放到了热炕上……父亲连忙大喊："我身上太脏了，有骡子、有伤，还流着脓血，快把我放在地上……"大娘哪里容他讲，扭过头来对父亲说："同志，你这说的什么话？！你们上前线拼了性命去打仗，你们是为谁的？！俺们怎么能嫌你脏呢？！"一边说一边轻轻地脱去被血水与雪水反复浸透的衣服，慢慢去掉脓血混合的绷带，打来热水，大娘和她家大闺女仔细清洗……那时的父亲也才二十出头，哪里能受得了这阵势，一通乱喊乱叫，但没用……大娘只是反复说着："你们保家卫国负了伤，俺们怎么能嫌你脏呢！"老百姓的觉悟非常高，对待志愿军伤病员的热情根本挡不住……

伤养好后，父亲去通讯连三连一看，兵员全部补充到位了，那时已经到夏天了，他又一次入朝参战去了……

奇袭敌首都师精锐"白虎团"及"活捉"美军飞机

记得有一次，生产队上放《奇袭白虎团》的电影。父亲看完电影后，心情特别愉快，说当年我们连也参加了打击敌首都师精锐"白虎团"的战斗，那是入朝参战中打得比较漂亮的一仗。韩国总统李承晚将战斗力强悍的首都警备司令部改编成正规步兵师，并命名为"首都师"，下辖四个团，其中第一团由于兵员充分、装备精良、作战强悍，特别是在"三八线"以北的襄阳守备战中，该团因为守住了阵地，而受到了李承晚亲授"虎头旗"的殊荣。自此，该师第一团便有了"白虎团"的绰号。

但金城战役开始时，在志愿军潮水般的猛烈攻势下，"白虎团"旦就被打得晕头转向，不得不边打边退到第二防御地带的"冰岛防线"。当时，父亲所在的通讯三连也参与了分割包围"白虎团"的战斗。兄弟部队六〇七团侦察连，在副排长杨育才的率领下，12名战士乔装打扮成敌军，悄悄摸到"白虎团"团部二青洞，出其不意奇袭了团部，以"黑虎掏心"的战术一举端掉"白虎团"的团部，而 12 名志愿军战士做到了零伤亡，这真是奇迹。父亲每一次讲起打击"白虎团"的战斗，讲起我志愿军战士与敌人斗智斗勇，巧妙奇袭敌人的战斗情节，脸上总是洋溢着孩子般的笑容，自信与自豪总是溢于言表。

在讲到朝鲜战场上志愿军的得意之作时，父亲经常讲起"活捉"美军飞机的故事。战斗休整期间，负伤的战士们就在山泉水里冲洗伤口的脓血，有的战士擦拭或者修理枪械，但美军的飞机经常来侦察或者袭击休整中的志愿军。美军的飞机非常猖狂，常常是毫无顾忌地贴着树梢飞，气浪都能打着人。为了教训一下敌机，有一天，敌机又来了，当敌机在一处山谷里贴着树梢飞时，两面山上的志愿军战士不约而同地一齐开火，在敌机上方织起了一道密集的火力网，迫使敌机降落到山谷的平地上，乖乖地被志愿军活捉了。有了这一次的惨痛教训，敌机再也不敢放肆地低空飞行了。

难忘上甘岭激战的悲壮

我小的时候，记得有一次，生产队放《上甘岭》的电影，战斗非常惨烈，大人小孩都看得非常投入，父亲却悄悄起身走了……后来，父亲才说，这只是个电影，比现实差远了。

父亲第三次入朝参战，正是抗美援朝进入关键的决胜阶段。1952 年 10 月 14 日至 11 月 25 日，中国人民志愿军与"联合国军"在上甘岭及其附近地区展开了一场战役，这是朝鲜战争后期僵持阶段一次主要战役。在板门店谈判期间，美国第九军以争夺朝鲜中部金化郡五圣山南麓村庄上甘岭及其附近地区的控制权为主，暗中调集大量部队，对我志愿军突然发动袭击。美军的目标很明确，就是攻占上甘岭，以此为据点，进而夺取五圣山，以此来增加与中朝谈判的筹码。上甘岭主要有两个高地，即 597.9 高地和 537.7 高地。这两个高地由东北和西北两条山梁组成，好像英文字母 V，又像是个三角形，美军形象地称之为三角形山，共有 12 个阵地，由志愿军第一三五团的九连和八连的一个非，实际上是一个加强连的兵力防守。父亲所在的三连参加守卫的是 537.7 高地，美方称狙击兵岭。这是两个南北相对形同驼峰的山岭，南山被美军占领，北山则在志愿军手中，确切地说是 537.7 高地北山阵地，共有 9 个阵地，组成一个不规则长十字形。

查阅资料得知，从 1952 年 10 月 14 日至 11 月 25 日，上甘岭战役历时 43 天，志愿军共投入步兵 4.3 万余人，各部队基本上是轮流投入战斗。上甘岭一战，志愿军共伤亡 11500 人，其中阵亡 4838 人，伤 6691 人，共一万 1.15 万人，伤亡率在 25% 以上。"联合国军"自认共伤亡 15000 人，其中美军 5000 人，韩军 10000 人。韩军自己统计，死 3096 人，伤 5496 人，失踪 96 人。

父亲除了不看电影《上甘岭》外，也基本上不谈上甘岭作战的细节，应该是不愿意再触及心中的伤痛。但是在日常生活中，父亲常常说起，面对比我方多得多的敌军，敌强我弱的态势，我们采取坑道守卫、夜间出击、小班额人员投入等灵活有效的战术打法，有效消耗了美韩军队的力量，有力打击了美军的嚣张气焰，粉碎了敌人以此向中朝施压的阴谋。《上甘岭》电影主要演的是志愿军八连，但我们三连与八连一样，始终坚守阵地，与美韩军队浴血奋战。虽然坑道里的环境恶劣，时时面临着断水断粮和弹药紧缺、通信失联等问题，但是我们硬是坚守住了，在完成祖国和人民交予的神圣使命和光荣任务中，有我们的一份拼搏。

以高昂士气打击美帝强敌是志愿军取得伟大胜利的根本

父亲离休后，专门买了一些关于抗美援朝的书，在家里研究起这场战争，总结志愿军的制胜密钥。抗美援朝，志愿军之所以能够越打越强、越战越勇，父亲有他自己的总结。主要是在进攻作战上，志愿军将近战、夜战优势发挥到了极致，坚持在运动中以大规模大范围穿插迂回、分割包围歼灭拥有现代技术和优势装备的强敌；在防御作战中，志愿军创造出了以坑道为骨干、支撑点式的防御体系，实现了有效保存自己，又大量杀伤敌人有生力量的作战目标；特别是圆满解决了装备落后又缺少制空、制海权的志愿军在朝鲜战场上"能打、能守、能保证给养运输"的三大难题。

每次遇到困难，父亲总是从战争中寻找经验和方法。父亲说："抗美援朝期间，我们志愿军官兵坚持从实际出发，敢于迎着战火，不断强化现代战争意识，努力掌握现代战争规律，适应现代战争特点，灵活运用并充分发挥主观能动性和创造性，积极从战争中学习现代战争，发扬英勇顽强、敢打必胜的革命英雄主义精神，深入精研战术战法，扬长避短、避强击弱、与时俱进、敌变我变，实现了在战火中迅速成长，取得了对美国侵略军队作战的实践经验，有力打击了美军的嚣张气焰，实现了愈战愈强……所以，美帝国主义并不可怕，就是那么一回事。"

但父亲也经常慨叹，志愿军出国作战，条件和环境都是最艰苦的，在朝鲜作战与在国内作战完全不一样，主要是对朝鲜不熟悉，人生地不熟，与当地群众的语言交流比较难，这是主要困难。第二次入朝参战时，仗打得特别艰苦，后期补给跟不上，弹药供不上。一次，父亲带队向前收容，路上遇到一位团长坐在路边哭。一问，团长说，部队子弹早就打光了，没有子弹，仗怎么打啊？！这也是朝鲜战场上志愿军经常面临的最大困难。父亲当即从自己仅有的 40 发驳壳枪子弹中取出 20 发给了这位团长……就这个小故事，记得父亲讲过好多次。

抗美援朝精神时时激励着父亲敢于斗争、善于斗争，知难而进、坚韧向前，特别是在和平时期解决生产和工作中的难题时，父亲经常自觉用到作战时的经验，如生产队修水渠时的测量、土地平整时的等高测量、村里建房和村民建房的地基放线测量等，他都是就地取材，或者是仅凭一根大拇指，单眼掉线即可搞定。对于一些复杂的测量，也只是增加一把铁锹把子或者一根树枝什么的就搞定了。有时他也得意地透露一点小秘密，说这些都是从战场上和实战中总结出来的经验，已经用过好多次了，所以，实践中就可以信手拈来，而且运用得灵活自如。父亲曾多次说起，有一次公社要修一条大水渠，专门从上请了技术员来测量，其中有一处基点找不准，技术员执意要回去取仪器，技术员走后，父亲请另一位村民协助，用土办法测量出要找的基点，然后放了一个石块做标记，不动声色地坐等技术员回来用仪器测量。那个技术员扛着仪器来回测量了半天，说："基点就在那个石块那儿。"父亲和那位村民相视会心一笑，点燃一根烟悠然地抽起来了，而那个技术员颇为纳闷了……看来，军民配合，在父亲的实践中早已是炉火纯青了。一场抗美援朝之战，虽然给父亲留下身体上的伤害，但也丰富了他人生的历炼，练就了多方面的本领和智慧。

图为自治区人民政府批准顾海山光荣离休的证书

《新疆日报》1993 年 4 月 日第 3 版
刊发讣告，评述顾海山的一生

图为顾海山获得军功章的一部分

解放天津——上级给我们记了一等功

◆ 刘贵臣口述　沈岩整理

受 访 人：刘贵臣

身体状况：身体及精神状态良好

现 住 址：天津市河北区

采 访 人：沈岩、张一拓、武思成

采访时间：2019 年 8 月 21 日

采访地点：天津市河北区

刘贵臣
（1927—2021）

　　我叫刘贵臣，1927 年生人，老家是邯郸邱县波流古村，1939 年 12 岁的时候就入伍参军。为什么这么小就要参军入伍呢？我给你说说当时的情况。我们家是贫农出身，我的母亲是妇联主任，我的父亲参加了八路军，牺牲在抗日战场上。我有一个哥哥小时候得天花，致使双目失明。1931 年日本侵占了东三省，1935 年又侵占华北。国如覆巢，家又何安！6 岁的时候，我就和哥哥沿街乞讨谋生活。我小时候就是儿童团团长，参加过一些抗日活动。可以说我生长在一个革命家庭。日本侵占了华北后，有一次夜里我们睡觉的时候就听见外面枪声叭叭地响，不知道怎么回事，一会儿就听见日本兵在外面叽里咕噜说话，这时候三个妇女就跑进来，紧接着日本兵就把这三个妇女奸污了。那时我还小，心里想着，这些日本人到我们中国来烧杀抢掠、奸淫妇女，就恨这些日本侵略者。

　　之后我们村就来了八路军，住在我们家，我一看八路军里也有小孩，当通讯员，15 岁了。我一想，日本人这么坏，我也当兵去吧。我就找到了一个连长，我问那个连长："你是当官的吗？"连长就回答我说："嘛叫官，我这不叫官，叫连长。"我和连长说让我也当兵吧。连长就问我你多大了就当兵，我一想那个小孩说他15了，也就和连长说我15岁啦。当时我个儿高，就虚报了几岁，也看不出来。连长问我打仗你害怕不害怕，我说我不害怕！就这样我跟着参军，当上了通讯员。

国仇与家恨，一起涌心间，参军后我作战十分勇敢，三年之后就当上了班长，那时候我们还是尖刀班。我记得在河北省邢台有一次战斗，我们对敌人的据点发起总攻，我爬上了一个梯子，敌人把梯子打折了，我从梯子上摔了下来，但立刻又找到一个梯子爬了上去。等到我们成功夺下这个据点后，缴获了35挺机枪，我们这个连牺牲了49名战士，我立了一等功。

因为我们是尖刀班，总是冲锋在前，我经常和敌人拼刺刀，我记得有一次我拼坏了三把刺刀，终于把敌人刺死了。回来之后班上的士兵看到我身上全是血，就问我："班长你'挂花'了？"我不知道啊，一看身上没有伤口，全是捅日本人流的血。拼刺刀的时候脑袋里啥也不想，战斗下来眼睛里布满了红血丝。抗日战争期间我也负过伤，我的右膝盖里现在还有炮弹碎片没有取出来。另外，说句玩笑话，我有两个肚脐眼，其实呢，是我的腹部受过枪方，不过没打透，野战医院的大夫就将子弹取出来了，包扎好。那时候不是有口号吗？"重伤不哭不叫，轻伤不下火线"，那不只是口号，我没休养就又冲上了抗日战场。

我记得还有一次，在京蒲路，碰上三辆日本汽车，从天津到南京，我们就沿路设下埋伏，等到日本人来的时候，我们就把日本人的车给截了，缴获了一些日文文件，我们觉得应该是重要信息，就交给了中央。日本人原来计划三个月就灭亡中国，因为咱们中国人英勇抗战，他们的计划失败了，就制订了新计划，准备三年灭亡中国，我们缴获的文件里就是这个计划。后来日本兵跟我们对话，说只要把他们的文件交出来，愿意拿8挺重机枪、20挺轻机枪、一万发子弹来交换。我们当时就回应"要文件没有，要子弹头我们有！"紧接着日本人就组织 500 名日本兵，300 名伪军准备消灭我们连。我们针对日军的活动，易整化零，以班为单位，当时我们有八个班，一碰到日本人，我们就自报家门，说是一连。日本人走到哪都能碰到一连，就十分纳闷，心想怎么这么多一连啊！但是他们怎么打也打不到。日本鬼子"扫荡"了三个月，也没有与我们一连主力碰头，当他们准备撤退的时候，我们就集中火力，进行伏击，对进入打击范围的敌人猛攻。当时中央配给我们连一挺苏联转盘枪，我们就用它对敌人进行扫射。这次战斗我们俘虏了 100 多个日本兵，俘虏了伪军一个连。因为这次战斗的胜利，中央给我们连每个人奖励了 1000 块边区币，一人一套新军装，给我们全连记一等功。日本人吃了大亏，给我们一连取了个名字，叫"神一连"，好像我们是神仙一般，正所谓"他找我，上天下地无踪影；我打他，神兵天降难提防！"因为我作战勇敢、敢打敢拼，1944 年 17 岁的时候入党，成了一名共产党员。

1945 年日本人投降以后，中央组织了干部团北上东三省。我被选为北上干部，在部队中担任副排长。那几年在东北随军辗转，基本上走遍了东三省。1948 年辽沈战役开始的时候，我被提拔为排长，打过沈阳、四平等战役。就这样东北三省顺利解放了。

平津战役开始之前我就当上了四野独立师二团三营九连尖刀排排长。当时我们的部队从喜峰口入关。从出发点到达天津的杨柳青共 280 里，上级要求 24 小时内到达目的地，若延时不到，按军法处置。接到命令后我们立刻出发了，当时我们每个人背着干粮袋，里面有馒头干和炒米。战士们出发后都在想，24 小时走 280 里地怎么走啊？带着这个疑问我们急速行军。

因为军令在身，我们也顾不得休息，饿了的时候就从干粮袋里抓一把炒米吃，渴了我们就在路边捧一把雪放在嘴里。那时行军与其说是走，不如说是跑。行军过程中路过村庄农舍的时候，还有乡亲们出来慰问，他们手中拿着干粮和水，欢迎解放军。但是我们根本没有时间吃，只能接过乡亲的碗，喝一口水，道一声谢，便又追赶前行的部队。

当我们到达杨柳青时，比上级规定的时间还早了一个小时，接着我们便开始休整，做战前准备。我记得首长在动员大会上说："同志们，我们要解放天津，有十分的把握，我们现在又增加了好些炮，我们有重炮、野炮、山炮……一定可以取得胜利！"战士们都很好奇，左看看右看看，心想着部队装备并没有更新啊。首长接着说道："你们不相信啊？你们脱了鞋、脱了袜，看看你们的脚上打了多少泡！"大伙听到首长这般解释，都鼓起了掌，想到之前的急行军使我们抢夺到了战争先机，行军的苦顿时化作胜利的甜，心中鼓起十二分的干劲！

1月14日我们便进入了作战阵地，15日零点我们开始总攻，炮声响彻寰宇，接着步兵就冲上前线。我们从西营门打入市区，当时在西营门，一个连冲上去倒了下来，一个排冲上去也倒下来，一共吹了十二遍冲锋号。我们是进攻第二梯队，因为第一梯队屡次进攻都被打退，我们当时就重新观察战场形势，在西营门左侧80米处发现一个二层小楼，里面有一个国民党的加强连，配备了四挺重机枪、八挺轻机枪，配合扫射，根本打不进去。这时我们就用电话机和前线指挥部联系。当时刘亚楼不是总指挥吗，我当时就报告，说部队实在冲不上去，毛主席说过，保存实力，是为了消灭更多的敌人，我请求炮火支援。前线指挥得到消息后，命令炮兵往敌人位置打了两炮，当时敌人的火力就被压制了。就此形势，我就冲着部队喊："共产党员同志们，共青团员同志们，解放天津的时刻到了，立功的时刻到了，同志们冲啊！"当时我这个尖刀排配备了四挺轻机枪、两门炮，还有冲锋枪、步枪，战士们冲着敌人扫射过去，一下就撕开了一个口子，我们立刻冲上去。后续部队见我们打开了突破口，也排山倒海一般涌了进来。

突破西营门之后，我们就沿着滨江道和罗斯福路（这个罗斯福路现在叫和平路）一直打到八一礼堂，那个不是陈长捷的司令部吗，我们还把陈长捷逮到了。之后我们就继续前进，一直打到金汤桥。早晨五点钟左右，我们就跟友军部队会师了，大家伙就拥抱、欢呼道："我们胜利啦！胜利万岁！中国共产党万岁！毛主席万岁！解放军万岁！"我们的欢呼声震破了天空。当战士们为胜利会师欢呼雀跃时，海河两岸的老百姓也都走出家门，手舞红旗，大声喊道："天津市解放了，天津市解放了！解放军万岁！"

这时候我又接到了新任务，让我们向五马路方向前进。我们赶到金钢桥的时候，发现桥上有两个敌人修的碉堡。我就派战士拿了炸药，把这两个碉堡给炸了。接着我们就赶到五马路的工人俱乐部，那里有一个国民党的宪兵队，大约有五百人。到达工人俱乐部后，我就把机枪架到房顶上，对着敌人喊话："投降吧！你们的司令已经让我们给俘虏啦！中国人不打中国人！我们的政策是缴枪不杀，优待俘虏！"里面的国民党宪兵听到我的喊话后立刻应答："别打别打……我们投降……"纷纷举着白旗出来投降。我们尖刀排是个"加强排"，有50多人，把他们500人的宪兵队给俘虏了。因此后来上级给我们记了一等功。

在这之后，我又带着一个工兵排去北宁排雷，正在排雷过程中，赶过来一个连，要往前走，我就把他们拦下来跟他们说："师长下达的命令，让我们在此排雷，任何人不能前进。"这个连没有听我的劝阻，非要往前进，没有五分钟，地雷响起，这个连一百二十多人全都牺牲了。听到地雷响，师长立刻给我打电话，问怎么回事，我向师长说明了情况，师长说没你的责任，不应该处分你。

解放天津之后，我们就准备南下，部队下发了新军装、新军被。天津解放时第一任市长是黄敬，当时就向中央打报告，说这个师（即刘老所在的独立师）不能走，这个师的城市纪律特别好（当时不是下着雨吗，我们就在马路上面一躺，不闯进民宅，淋着雨休息），这个师要是走了，我也跟着这个师走。毛主席就批示让我们这个师抽调一个连随军南下，其他留守天津。

当时留下来的部队就是后来的天津市公安总队，我是三团一连连长，一开始我们在意国兵营办公，后来就搬到了河北路。解放之后天津的社会情况不错，没有什么特殊的情况发生。

文化大革命的时候部队换防，我们这个师和六十八军对调到了陕西。当时我没有跟随部队调走，仍然留在天津，一直留到现在。从部队转业后，我在河北区环保局任书记，有两个儿子、两个女儿，现在第四代都上学了，生活很幸福。离休之后，有机会我也去市里给年轻人讲讲课，希望年轻人能多接好班、不忘过去。虽然我是贫苦出身，但是身体好，刚才也说过，年轻的时候要跟鬼子拼刺刀，虽然负过伤，但是没有什么大问题。现在有时间我也和子女们出去旅行，看看祖国的风光。经历过枪林弹雨，现在更加珍惜和平幸福的生活，这不，我明年的旅行计划都制订好了，我有乐观主义精神。

图为刘贵臣接受时任平津战役纪念馆副馆长沈岩采访

图为刘贵臣接受平津战役纪念馆口述史团队采访

七十年后父子"重逢"

◆ 赵连贵等口述　武思成整理

受 访 人: 赵连贵、赵丽敏、赵杰、赵伟(赵国祥子女)

身体状况: 行动不便、精神尚佳

现 住 址: 赤峰市喀喇沁旗

采 访 人: 刘佐亮、王蔚、宋福生、武思成

采访时间: 2023 年 10 月 25 日

采访地点: 赤峰市喀喇沁旗

赵国祥(1926—1949),内蒙古自治区赤峰市喀喇沁旗人。1947 年 12 月参军入伍。先后参与辽沈战役、平津战役。在天津战役中,所在部队东北野战军四十五军一三五师四〇四团七连完成占领金汤桥作战任务。1949 年 10 月在衡宝战役黄土铺战斗中牺牲。

图为赵国祥烈士儿子赵连贵

我父亲叫赵国祥，内蒙古喀喇沁旗人，1926年出生。1947年2月8日我父亲就是从这个院儿出发去参军的，当时我才一岁。他们这一批一共去了18人。1950年，在我四岁的时候，我爷爷意外听到了父亲牺牲的消息。母亲在得知父亲牺牲后，也因为伤心过度去世了，这样我四岁就父母双亡，从这以后，跟着奶奶和爷爷一起生活。

一封家书

在我八九岁的时候，我们这个营子有一个父亲的战友返乡，和我讲了父亲牺牲的经过。我现在还清楚记得父亲是在衡宝战役中牺牲的。听那位叔叔讲，当时我父亲身负重伤，躺在地上，他正好从旁边经过，想要扶我父亲起来，我父亲却对他说："不用扶我，现在咱们最重要的任务是占领阵地。"说完我父亲就双手捂着肚子牺牲了。父亲说的这句话给我留下很深的印象，我觉得这句话说得相当了不起，作为一名军人，父亲在牺牲时体现的那种信仰让我特别敬佩。

赵国祥烈士家书 [①]

父亲大人尊前敬秉者：

　　男自湖北省寄家一函，未知收到否，在五月间领悉二百，阖家一切尽知，家中一切亦晓，平安康泰，男心亦无挂念了。男自湖北云梦一直达到江西省地面，一枪未响解放了江西全部，我们的任务共是六省，现主已经解放了四省，还有广东、广西，很短时间就会完成解放全中国的任务了。

---

　　① 信件由受访者子女提供，未载有时间信息，笔者推断应为赵国祥烈士牺牲前夕所写家书，特录于此。

大人语论要男之照片，现在是不可能的，因为现在是在乡下练兵，无有时间去摄，等以后有时间一定奉影，大人观视。

再者对于二弟、三弟，在家要好好的听从大人训言，千万不要让大人生气，一定要替愚兄尽到一份孝情，是兄之盼。现在我之身体非常粗壮，请（勿）惦念，别无可言。请大人转告贺鸿钧家一声平安。因为写信困难，特此带言。

恭请

秋安

儿赵国祥　叩禀

四五军一三三师四零四团三营七连　急速回音

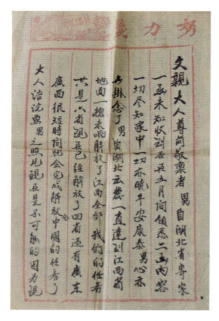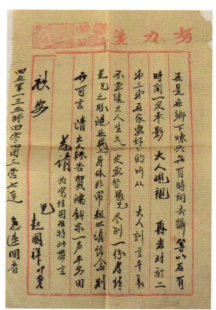

图为赵国祥家属提供的家书复制件

在我的父亲、母亲相继去世后，我就和爷爷奶奶相依为命，一起生活。说实在的，国家的政策还是好，政府、居委会和街坊邻居都特别照顾我们这一家人，我们不缺吃不缺穿，每个月村委会都准时给我们发放军烈补贴，安照一人4块钱标准，一个月给我们一家发放12块钱，这个军烈补贴一直领到我13岁成年，一直没断过，这对我们这个小家庭帮助非常大。

在学校读书时，我就想像父亲一样成为一名革命军人，一心想要参军报效祖国。但当时招兵干部考虑到我是烈士子女，和我说按照国家的规定，不允许我参军。因为父亲是烈士而没当上兵，我感到特别遗憾，想到父亲为国捐躯，却不能和他一样从戎报国，年轻的时候我特别不理解，还因此掉过很多眼泪。

文化大革命后，政府把我分配到我们当地的五家矿当了工人，从基层的工种干起，从事井下工作。遇到荣誉来时，我常常把荣誉让给其他同志。后来，可能是因为我工作比较认真负责，得到了矿上领导的赏识认可，把我调到总经理身边当起了秘书。在这之后，我又当上了矿上的办公室主任。后来我还担任过我们当地一个地毯厂的厂长和矿区下属的一个小煤窑的矿长。50岁那年我就申请提前退休了。

直到现在电视、电影上一播放战争场面，我还是不敢看。因为一看到有人负伤、牺牲的镜头，我就感到特别难过，就会想到我的父亲。现在世界上有好多国家都在打仗，国际环境是个未有的大变局，咱们国家提倡和平发展，我特别认同。

我对父亲的感情很复杂。一方面，我小时候就听邻居、长辈们说，我父亲是一个憨厚又精干的小伙子，我心底一直都有一个愿望，盼望着有一天能到父亲牺牲的地方再去看看他；另一方面，我又特别难过，因为爷爷奶奶提起父亲总是说"没归，没归"，就是指我父亲参军没有回来。当时我年龄小，对"忠孝不能两全"这句话没有很深的理解。现在我明白，爷爷、奶奶以及我对父亲的所谓"怨"也好，"恨"也好，其实都是我们对父亲想念的一种表现。

圆梦邵东①

图为民政部为赵国祥颁发的烈士证明书

我记得是 2021 年，当时我姑娘正在坐月子，一天晚上忽然就问起来，太姥爷牺牲是怎么一个过程。因为我爸把我爷爷的烈士证和所有证件走到哪带到哪，我爸就把这些证件拿出来让我姑娘看了。姑娘看了后，久久不能平静，等到把孩子哄睡后，就开始在网上按照我爷爷牺牲的地点查询，顺藤摸瓜就找到了湖南省邵阳市一个红色文化小分队。红色小分队按照我爷爷的部队番号，对照行军路线仔细查询，终于找到了我爷爷那些牺牲烈士的埋葬地，我们也更加详细地了解了爷爷生前的光荣事迹。

原来，我爷爷是东北野战军四十五军一三五师四〇四团三营七连的战士，他生前所在的连队，就是声名显赫的金汤桥连，这支英雄的队伍在解放天津的战役中，以牺牲百人的代价获得了金汤桥连的荣誉称号。1949 年 9 月，在新中

---

① 以下内容按照赵连贵大女儿赵丽敏口述内容整理。

国即将诞生之际，我爷爷所在部队在衡宝战役中与国民党白崇禧部展开了殊死激战，在邵东灵官店一带重创敌军，随后追敌至衡阳祁东搭界处，在友军的强力配合下全歼敌钢七军，取得了衡宝战役的伟大胜利。但是这些胜利的背后，有近千名解放军战士血染沙场。我的爷爷就是在邵东界岭铺战斗中牺牲，并长眠于此。

2021 年 5 月 2 日，我父亲、母亲还有我两个弟弟开车 2200 多公里，花了 30 多个小时去到了湖南邵阳。红色小分队领着我们去看了我爷爷和那些烈士们的墓碑。当地的老百姓特别热情，见了我们就和见了亲人似的，记者们来以前，已经连着下了 40 多天的雨，我们一来雨就停了，就好像老天爷有感应一样。自从我爸懂事上学开始，就一直有失眠症状，五六十年都没有改善，自从去过我爷爷牺牲地回来之后，我爸再也没失眠过。对他来说，这也算是了却了一桩心愿，心也就放下了。

图为平津战役纪念馆副馆长刘佐亮（左一）与赵连贵（中）合影

因为小时候生活特别苦，虽然后来日子富裕了，我爸爸还是勤俭持家。他在上高中的时候，舍不得坐车，早晨没出太阳就出发，得走几十里地，天黑了才能到家。我爸妈还身体力行，退休之后又承包了 40 多亩地，老两口儿骑着个小摩托车天天下地干活，起早贪黑，干了有个四五年。我爸对我们的教育特别重视，有时候很严肃，让我们做人就必须得做出人样，必须得德智体全面发展。因为他自己从小没有体会过父母的关爱，所以经常对我们说，看你们都有爹有妈，多幸福呀。

附记

对赵连贵来说，父亲赵国祥的形象始终是模糊的。与父亲有关的所有记忆，都来自爷爷奶奶和村里老人的描述。在漫长的青春岁月里，赵连贵说他很少和同学、伙伴提及自己烈士子女的身份，其中缘由，他并未过多解释。是父亲牺牲后母亲的离世，还是爷爷奶奶对儿子不归的"埋怨"，抑或是因为烈士子女的身份而未能如愿参军？……逝者如斯，随着年龄的增长和岁月的沉淀，特别是自己为人夫、为人父后，赵连贵对父亲的牺牲有了新的理解。他逐渐认识到，在民族危亡之际，是多少烈士不怕牺牲、一心报国、舍小家为大家，用自己的微微星火，才汇聚起民族复兴之炬，而他的父亲，正是这满天耀眼繁星中的一颗。既然如此，看一看从未谋面的父亲，找寻到父亲的长眠之处，就成了他心中唯一的牵绊。在热心人士的帮助下，七十年后父子终于"重逢"，赵连贵了却了多年来的心愿。

家风传承，重在践行。赵连贵子女在采访中表示，帮助父亲搜寻祖父墓地的曲折经过，就好像上了一堂生动的党史、国史和家风传承"思政课"。同时，赵连贵低调、朴实的行事作风也对子女影响深远，他们虽然都从事着普通工作，但都在平凡的岗位上兢兢业业、任劳任怨，红色家风也正是在这平淡如水、接续奋斗的日子里流淌传承。

红色警卫的忠厚家风

◆ 周凤春、周贺轩 口述　武思成整理

受 访 人：周凤春、周贺轩（周凤春之子）

身体状况：精神尚佳、行动不便

现 住 址：河北省唐山市曹妃甸区

采 访 人：时昆、马楠、张一拓、宋福生、武思成

采访时间：2023 年 9 月 16 日

采访地点：河北省唐山市曹妃甸区

周凤春
（1931—　　）

　　周凤春，1931 年阴历十月初八出生于唐山市丰南区刘德庄。1945 年春参加抗日儿童团。1947 年任儿童团团长，曾和民兵一起埋地雷阻击敌军运粮车。是年冬，成为一名民兵。1948 年 3 月，参军到冀东军区海防大队三连九班，驻守在南堡、蚕沙口、大庄河、大清河、捞鱼尖一带。1948 年 9 月，参加运沈战役。1949 年 1 月，参加平津战役，随部队攻打塘坊、天化工厂等地。天津解放后，部队改编为冀东军区独立团。北平和平解放后，随部队进驻北平。1949 年 3 月，随部队编入四野十三兵团程子华司令部警卫营。1949 年 4 月，参加解放河南安阳和新乡战役。1949 年 4 月，参加渡江战役。1949 年 5 月，加入中国共产党。1949 年 9 月，参加衡宝战役，曾用机枪打过飞机。1950 年农历三月，随三完成援越抗法护送军火任务。1950 年 7 月，任十五兵团司令部警卫班班长，负责保护黄永胜将军。1952 年初，调到时任广东省主席叶剑英大院当警卫班班长。1954 年退伍，到解放农场工作。1991 年离朱。

我是 1931 年阴历十月初八生，唐山市丰南区刘德庄人。1945 年参加了抗日儿童团。1947 年初任儿童团团长，在儿童团曾和民兵一起埋地雷阻击敌军运粮车，同年冬天加入了民兵组织。1948 年，我到冀东军区海防游击队三连九班参军入伍，驻守在南堡、蚕沙口、大清河、捞鱼尖一带，当时我们的装备很差，坐的是老木船，用的是九连珠、老套筒。辽沈战役时，我在滦县雷庄一带打游击，当时的连长叫张文友，指导员叫石振祥，我们的任务是阻止国民党军队增援锦州。我记得当时我们还搭船护送花生米等物资到旅顺。

为数位首长担任警卫

1949 年 1 月，我跟随部队参加了平津战役。天津战役时，我又随部队进驻平谷进行防御，之后部队改编为冀东军区独立团。北平和平解放，部队奉命进驻北平，在进北平前，我们把枪都交出去集中保管，空着手进了北平。记得那时候快过年了，大家都想着到北平去过年。进入北平以后，我们就换上了好装备，当时物资紧张，我们换的是国民党军服，但是头上戴着五星帽徽。北平和平解放后，我在北平警备司令部任警卫。1949 年 3 月，我随部队编入第四野战军十三兵团程子华①司令部警卫营，随军南下。同年 4 月，我参加了解放河南安阳和新乡的战役。在渡江战役中，我负责保卫十三兵团副司令员兼参谋长彭明

---

① 程子华（1905—1991），山西运城人。1926 年 6 月加入中国共产党。1927 年入武汉中央军事政治学校学习，同年参加广州起义。曾任红二十五军军长、红十五军团政委。抗日战争时期，曾任中共冀中区委书记、中共晋察冀分局代理书记、晋察冀军区代理司令员兼政委，积极领导根据地建设，扩大抗日武装力量，巩固和发展了晋察冀抗日根据地。解放战争时期，曾任冀察热辽军区司令员、东北军区第二兵团司令员、北平警备区司令员兼政委、第十三兵团司令员。新中国成立后，程子华同志被任命为山西省委书记、省政府主席、中共中央顾问委员会常委、全国政协副主席。

治[1]从荆州过长江的任务。

1949年9月，我参加了常德的作战。在衡宝战役中，我用机枪打过飞机。衡宝战役结束后，我随部队驻扎广西桂林，曾进山剿匪。1950年春节前后，我们达到了南宁，因为当时敌人特别猖狂，上级下达的命令是令不离身，随时待命，外出的话必须结伴而行。是年农历三月，我跟随部队前往越南，参加了援越抗法，承担护送军火的任务，当时我们从镇南关（友谊关）出发，完成任务后又返回了南宁。1950年7月，我担任十五兵团司令部警卫班班长，负责保护黄永胜[2]将军，部队给我发放军官津贴。

图为1951年周凤春在广州纪念留影

① 彭明治（1905—1993），湖南常宁人。1924年进入黄埔军校学习，1925年加入中国共产党。1927年参加南昌起义。曾参加中央苏区历次反"围剿"和长征。抗日战争时期，曾参加平型关等战斗，领导开辟了苏鲁抗日根据地。解放战争时期，任第四野战军十三兵团副司令员兼参谋长等职，先后参加四保临江、平津、衡宝、广西等战役。新中国成立后，历任中华人民共和国驻波兰人民共和国大使、河北省军区司令员、中国人民解放军武装力量监察部副部长等职。1955年被授予中将军衔。

② 黄永胜（1910—1983），湖北咸宁人。1927年12月加入中国共产党，曾参加中央苏区历次反"围剿"和长征。抗日战争时期，任八路军晋察冀军区第三分区副司令员、司令员，陕甘宁晋绥联防军教导第二旅旅长。解放战争时期，历任东北民主联军纵队司令员、东北野战军第四十五军军长和第十四、十三兵团副司令员，参加了辽沈、平津和衡宝等战役。新中国成立后，参加抗美援朝，任中国人民志愿军第十九兵团司令员。1955年被授予上将军衔。

　　1951年秋天，我们警卫班一行三人奉命到广州白云机场承担保卫苏联专家的任务，上海、北京我们都跟着去了。在北京的时候，我们住在东交民巷的招待所，也在空军司令部里吃过饭。1952年初，我被调到时任广东省主席叶剑英[①]的大院担任警卫班班长，配有手枪，部队给我发放军官津贴。

图为工作人员时昆（中）、马楠（右）对周凤春老战士进行采访

　　跟随部队南下时，部队口粮紧张，我们经常一把炒米充饥就匆匆赶路，我也因此患上了胃病。同时，南方天气多潮湿，我还患上了风湿性关节炎。因为家里弟兄多，我们兄弟姊妹八个，我是家里的老大，还有五个弟弟和两个妹妹。考虑到个人原因，1954年我申请从部队转业回到老家农场工作，一直到1991年离休。

_____

　　① 叶剑英（1987—1986），广东梅县人。1927年加入中国共产党，组织指挥了南昌起义。历任中华苏维埃共和国中央革命军事委员会委员兼总参谋长、瑞金卫戍区司令、闽赣及福建军区司令员。抗日战争时期，任八路军参谋长，并协同周恩来在国民党统治区做统战工作。1941年2月任中央军委参谋长。解放战争时期，历任华北军政大学校长、国民革命军第十八集团军参谋长、中国人民解放军总参谋长、北平军事管制委员会主任、北平市市长。新中国成立后，历任广东军区司令员兼政治委员、广东省政府主席、国防部部长、中央军事委员会副主席、全国人大常委会委员长。1955年被授予元帅军衔。

忠厚家风代代相传①

　　父亲从部队转业回到农场，在生产队、砖厂当领导。村里有困难的乡亲，我父母主动帮助他们渡过难关。"文革"时期，父母帮助过不少老干部，这些老干部"平反"以后，有的骑着车子大老远找到我们家，看看家里过得怎么样，帮助我们解决一些实际困难。我母亲虽然没有文化，但是特别热心，善于化解邻里纠纷，有时候派出所所长都来我们家，请我母亲帮忙协调解决问题。

　　父母不善言辞，为人厚道，遵纪守规。尤其是父亲对首长的忠诚、对组织的服从，给我们留下了深刻的印象。所以作为孩子，我们哥儿几个工作比较善良，特别重视把这种优良的家风传承下去。我们兄弟四人，大哥18岁参军入伍，曾任六十三军某炮团团长。二哥高中毕业后，考上中师，当了人民教师。三哥高校毕业后分配到电厂工作。我高中毕业后考工分配到县电力局工作，对家庭照顾最多。

图为周凤春四子周贺轩回忆起父母的言传身教，不禁热泪盈眶

---

① 以下内容按照周凤春儿子口述内容整理。

受父母平时的熏陶，我们十分重视下一代的教育问题，我们的几个孩子大学毕业后，在不同的工作岗位上尽心尽力、默默地工作，继承先辈的革命传统，用新的方式抒写对党和国家的忠诚。

附记

忠厚传家久，家风继世长。在老兵周凤春的眼中，依稀可以感受到这位九旬老人对革命事业的那份赤诚与坚定，更少不了他做人做事的忠厚坦白、公道正派。"忠厚"，既是个人修养的体现，也是家庭风貌的传承，是周凤春一家三代最为突出的特质。任职警卫，他忠于国家，恪尽职守；回到农场，他勤俭持家，团结邻里；作为家长，他真诚包容，无私奉献。回忆过往点滴，周贺轩仍然能够记起父母"忠厚"背后的种种辛酸、委屈和遗憾，但更多的是对父母为人处世的理解、尊重和自豪。在为采访者介绍子侄一代学有所成，且都以红色后代而自豪时，周贺轩的嘴角又露出了欣慰的笑。

战争岁月的艰苦让人难忘

◆ 赵义口述　张一拓整理

受 访 人：赵义

身体状况：身体及精神状态良好

现 住 址：河北省秦皇岛市海港区

采 访 人：时昆、王蔚、张一拓、马楠

采访时间：2023 年 9 月 4 日

采访地点：河北省秦皇岛市海港区

赵义
（1927—　）

采访赵义老人是在秦皇岛赵老的长子赵中革家。

赵义，1927 年 12 月 1 日出生于河北卢龙，2023 年已经 96 岁高龄。初见赵老感到他精神矍铄，记忆清晰，讲起当年的从军和战争经历如数家珍，主人们由衷钦佩如此高龄的老人还能有这么好的状态。听赵中革大哥讲，老人一共有四个子女，大伙轮流照顾老父亲，伺候老父亲按时起居作息。听赵大哥讲，父亲上了岁数后，越来越像个老小孩。"父亲这一生都和部队打交道，亲历亲见证了新中国的成立，特别在战争年月几次经历生死时刻，活到现在是个'老宝贝'，我们几个子女为了国家这个大家和自己这个小家也要把老父亲照顾好。"我们的访谈就在这样愉悦的氛围中开始了。

革命经历

　　我叫赵义，1947年参军，是在老家卢龙参加部队的，其实之前就在地方参加过革命活动，但是正式参加部队还是在1947年。我是九纵一三八师四一四团三营七连机枪班的机枪手，参加了辽沈战役攻打锦州的战斗，我们打的是锦州外围的帽山，好像整个东野的指挥部就设在那，这是后来我们知道的。

　　辽沈战役结束，我们从锦州回来到建昌营，再南下到达迁西，在那休整了三天，后来奔赴宝坻，再到塘沽。我还记着走的好多都是水道，在天津的崔家码头，有一个国民党的保安团在那驻守，最初定的是二营打，二营本来是负责后面炮兵的掩护和机关的安全保卫工作的，这次让他们打也是让他们锻炼锻炼，结果一上去就被敌人的火力压制住了，团参谋长就让我们三营跑步支援，我们顶上去后和二营一起把崔家码头的国民党守军给拿下了。

　　我们在天津的行军遇到很大困难，天津多水，水道一涨潮，我们背的包都进水，那时我们还穿着东北带来的棉衣，被水浸湿后加上天气寒冷，湿棉衣一个月都不干，浑身湿漉漉的，难受程度可想而知。打完崔家码头，上级通知我们准备打塘沽，当时的感觉就是冷，浑身湿漉漉的，我们距离塘沽有七八里路，准备了一天一夜，可能也是等待上面做最后的决定，突然到了天黑指令就变了，不打塘沽了。行军一夜，部队到达天津南部的灰堆，说要改打灰堆。后来我们听说，塘沽是盐碱地，不利于部队行军作战，有利于守军防守，所以上面经过权衡最后决定缓攻塘沽，改打天津。

　　我们九纵从天津南面进攻，外围战斗先从津南的灰堆开始。敌人在这有两个团把守，物资储备充足，上级让我们也用两个团的兵力攻击。我记得打的那晚我们都轻装向前，不让出声，慢慢地接近敌人阵地，到了距离敌人阵地还有50多米处时，前面遇到一个大沟，能有一人多高。我是机枪班的，得找个好打的地点架设机枪。我就带着我们一个战士小郎，带着机枪，继续往前走。水沟子有个豁口，我们顺着爬过去，继续往敌人阵地方向走，天黑啊，啥都看不见，走了一段听见敌人说话了，我记得说的是让部队提高警惕，严格坚守。这时候我们头上就是敌人阵地了，不能再往前走了，没办法，我们也不能往回走，只能在这先待着，等着什么时候部队冲锋，我们再一起往里打。等到天刚一亮，信号弹发射，攻击开始了，大炮打得震耳欲聋，后面的部队也开始冲锋，人一多我们一下子就冲进去了，我俩也把机枪架好射击，后来跟着大部队冲进去把灰堆解放了。

打完灰堆，天黑时我们部队再次出发，这次是打天津的突破口。一三六、一三七师是主攻，我们在后面负责突破口的扩大和掩护主力部队。九纵是从天津南部进行突破的，最后一直打到租界地和友军汇合。天津我们这路的突破口有个情况，当时是1月份，寒冬腊月，天气很冷，敌人绕着天津遍布防范了环绕的护城河，我们攻击前先有工兵侦察，但好像对护城河的深浅判断有误差。这在后面我们打的时候出现了很大问题。由于水深，工兵架桥比上原先预想的时间要长也更费劲。你在人家面前架桥，还扛着那么多的架桥物资，敌人在上面拼命打你，这就使得我军架桥部队的伤亡严重。我还记得，我们冲上突破口后，看见一车车大平板车拉着死伤的人，有平民也有战士。我当时的心情非常难受，我打东北都没这么难受过，但这次看着心里太难受。各方面的伤亡太大，损失也太大。

我后来听说，打天津我们的策略是"东西对进，拦腰斩断"，我认为这是上级领导做的英明决断，因为天津地势东西长、南北短，当时打天津时，野战军首长还让在北辰的部队先佯攻，让敌人判断我们从北边主攻，结果后来北面的是虚晃一枪，而且起到截断北平支援的作用，可以说打天津既有我们底下战士的奋勇拼杀，上面的决策和做的判断也非常英明。

天津解放后，九纵到达河北霸州刘庄，在平津战役中我们收编了很多傅作义的部队，我们在霸州是看着他们，保证他们不哗变，保证后续收编的顺利进行。当时那个地方出葵花籽，我们没事了就在那嗑瓜子，因为这个事我们还挨批评了，因为当时部队纪律非常严格。

出了正月，部队发单衣，我们继续南下作战，先到河南，后奔湖北，每天行军都很紧张，基本都在60多里路，紧急的时候能行军100里。到了武汉，我记着是傍晚，当时用大平板船运送部队过江，后来又到湖北的孝感县，因为很多战士都是北方的到那水土不服，再加上长期急行军得不到休整，都生了疮，因为人数比较多，部队就在那休整了十几天。后来部队过九江，准备打长沙。打长沙当时定的我们师是主攻，再后来听说国民党守长沙的叫陈明仁，他率部队起义了，我们就没打长沙。再后来我们部队进城，发现这一仗要是打了也会非常艰难。长沙布防很严，敌人是10米一个端着枪朝外站着，当然他们的枪已经被处理过了。现在说句后话，当时要是打，也是生死未卜。战争年月，我们当兵的就是跟着冲杀，有时候连前方要去哪都不清楚，除了行军就是打仗，有时候打过一仗，刚才还在身边活生生的战友，可能下一秒就不在了，可现实就是这么残酷。

部队占领了长沙，我们后来去了湘潭，又转到湖南、湖北、四川三省交界的区域剿匪。剿匪结束，我们又调到洞庭湖的码头说为打台湾做准备。就在这时候，我被选中调到北京新成立的警卫团执行保卫中央首长的任务，这是一项非常神圣的任务。听指导员说，光政审就审了八次，因为要做到保卫首长人员的绝对安全和可靠。当时我马上就要提排长了，因为我也算经历过很多战斗的老兵了，但这个任务下来，我选择坚决服从命令，义无反顾到了北京。

1950年至1956年我在北京中央警卫团工作，其间多次见到了中央首长，能为中央首长的安保做些工作，我感到很兴奋也特别骄傲。我兢兢业业干了6年，1956年调到内蒙后，又到内蒙古呼和浩特市武川县法院工作。后来由于年岁大，子女又不在身边，1981年我调回河北卢龙，直到退休。

图为赵义老人接受平津战役纪念馆口述史团队采访

岁月感怀

作为新中国成立的亲历者，赵老对那段岁月有自己的认识。赵老对我们说："我的一大感受就是当时牺牲的同志太多了，我们能活下来的真的是命大。新中国的成立也真是革命前辈的鲜血换回来的，这话没有半点水分。还记得我经历的几场'血战'，一个是打锦州，一个就是解放天津，都经过了激烈的战斗。进城后，当时真是眼看着道路两旁的尸体和用平板车拉着的战友的遗体，那两个时间点我终身难忘。"

赵义老人说完，赵中革大哥接过话茬：父亲一共有四个子女，两儿两女，我是老大。父亲这段从军经历也让我们四个子女的一生变得不同。我出生在部队家属院，从小在军队的氛围中成长，从小就深深感受到革命军人的宗旨是保家为国、热爱人民，感受到他们纪律严明、吃苦耐劳的军人作风。我在这种环境下成长，也深受他们的精神与作风影响，这潜移默化地影响了我们的一生。

父亲这代人，亲身经历了残酷的战争，像他是参加过辽沈、平津这样重要的战役，他们这些老兵为新中国的解放事业作出了自己的贡献。每每想到父亲的这些参军经历，作为子女我都深感光荣，同时也觉得自己有责任、有义务将父亲这辈人的革命精神传承好、发扬好，最起码不能丢老一辈人的脸。受父亲影响，参加工作后，我在政治上做到始终同国家大政方针保持一致，真心实意地热爱我们的国家。在工作岗位上我做到了和父辈一样勤奋工作，团结同志，继承父辈吃苦耐劳的品质与作风。我从一个铁路装卸工人，一直成长为单位的一名中层干部，这些成绩的取得既有自己多年来的努力，也受父亲的影响。是他的作风与精神一直鼓舞着我、激励着我、鞭策着我。

父辈闲下来的时候常对我们讲：做事先做人，对待工作一定要认真。他是这么说的，也是这么做的。老一辈人的优良品格影响了我们的人生，父亲的军旅生涯也让我终身受益。

图为赵义、赵中革一家合影

后　续

2024年4月5日清明节，赵老一行来到平津战役纪念馆参观。时隔半年未见，赵义老人依旧精神矍铄。来到展馆后，正在参观的观众看见参加过平津战役的老英雄，纷纷涌上前来，和老英雄合影留念。

赵老一边参观，一边时不时给我们介绍当年的情景。当来到天津解放部分时，赵老对我们说："解放天津我们一三八师不是主攻，一三六、一三七师是主攻，当时我们打突破口时，炮兵和我们底下的步兵冲锋配合开始弄得好，有一些伤亡。打仗它有一个摸索的过程。打天津，就这个突破口，都是一段回忆。现在解放了，一说起来都说打得好啊，但是我心里头难受，那时候往里冲，也不知道在哪，遍地都是火，后来突破了往里打，我看见突破口那都是平头，上面都是牺牲了的战士，有烧死的，也有战死的。打锦州我们都没见死这么多。晚上别的部队撤回来，把我们换下来。回来以后，营长和我们讲着话哭了，都没办法讲两句完整的话，刚说同志们我们胜利了，我这眼泪就掉下来了。我们那个指导员是南方人，看到这种情况就说胜利了，我们要为牺牲的同志报仇。"看着墙壁上的一幅战斗照片，赵老对我们说："当时打仗，我是真见到一机枪朝着我们非的战壕扔炸弹，它一扔炸弹我一张嘴，炸弹就落在我旁边不远，土三进我嘴里，我把土吐出来找我的枪，结果也让土埋在旁边了。我看见那个炸弹拧成麻花一样在我旁边，我用手一摸，你说我多傻那时候，把手烫得马上缩回来了。在天津我真是命大。记得我们往里冲锋，我端着机枪，指导员让你掩护，我说好，他们都冲上去，我在后面掩护。就这个突破口，别让敌人（打进来）防住了啊。指导员说你掩护完也跟上来，我说中。等他们上去了，我也冲，拿着机枪冲，背着子弹，那也沉啊，我冲的时候是猫着腰，但是跑了一会儿我也累，想直腰喘喘气。这时让指导员看着了，冲我喊，小赵，弯腰跑！当时我心里生气呢，我猫腰还跑不动呢。但就在这时候，一排子弹打过来了，把我的挎包带都打断了，我往后看有几个战士直接被打倒了。多亏指导员冲我喊这一嗓子，我拣了条命。"

参观结束，赵老对我们说："谢谢你们，你们纪念馆做的工作很有意义，还能让我们老兵回来看看，真好！"当天带队接待的平津战役纪念馆副馆长梅鹏云对赵老说："应该是我们感谢您，赵老，正是您这样的老战士与全国的解放事业抛头颅、洒热血，作出了突出贡献，才有我们今天这样的生活，我们向您致敬，也祝您老身体健康，有时间再来平津馆参观指导！"

图为赵义参观平津战役纪念馆

图为赵义听取平津战役讲解

忆往昔峥嵘岁月

◆ 徐恒江口述 陈晓冉整理

受 访 人：徐恒江

身体状况：身体及精神状态良好

现 住 址：天津市滨海新区

采 访 人：王蔚、马楠、张一拓、陈晓冉

采访时间：2024 年 3 月 14 日

采访地点：天津市滨海新区

徐恒工
（1932— ）

作为纪念馆人，传承红色基因，弘扬革命精神是我们的初心和使命。而回望峥嵘岁月，追寻革命先辈足迹，发扬英模人物的榜样精神，正是其鲜活体现。今天我们要采访的是一位 92 岁高龄的老兵，在我们到达目的地的

图为徐恒江在接受采访

时候，他早已穿好了有些陈旧泛白却干净整洁的军装，佩戴着戎马生涯的各类军功章，坐着轮椅在楼下等候了一个多小时。这让我们很是感动，更是对老一辈革命家的精神作风肃然起敬。我们见徐老坐着轮椅，本以为行动不便，他却站起来亲自手推轮椅带我们上楼，这让我们很是意外。他虽年事已高，身体却十分康健，且头脑清醒，言语逻辑缜密，行动自如。一进门，屋里的陈设极为

简单，除了生活所需的桌椅板凳外再无其他，整洁利落。随后，我们选好角度，架好设备，从镜头中看到了端坐在暖阳中的老人。他精神矍铄，胸前的奖章熠熠生辉。机位极其适宜，一切准备就绪，开始了今天的采访。

我叫徐恒江，是一个老兵，1932年出生，1947年入伍。入伍前因家中贫困一直在拾柴，后来村里选拔新兵，恰逢适宜，我报名参加，从此踏上从军之路。当时村里一起去当兵的不只我一个，但是由于害怕，大家都半路逃跑了。其实没打仗之前听到周边村子里的枪声我也害怕，但是早就听说共产党的队伍有"三大纪律八项注意"，外部能与人民群众打成一片，内部又团结和谐，不像国民党军队和汉奸队内部，一等兵打二等兵，二等兵为难三等兵，人心涣散。所以，我带着对共产党的深深敬佩和信任，一直坚持到最后。

当兵20多天以后，我参加了天津的小王庄战斗。战斗胜利后，我所在的津南支队势力扩大，改名二十一团，成为独立团。后来我又参加了攻打天津外围的潮宗桥、小站、张家窝、团泊、大稍直口、小稍直口等多次战斗，最难忘的是参加解放团泊的战斗。那次，我躲在一个坟头儿后面向敌人射击，距离我六七十米远的敌人从侧面开枪打飞了我的帽子，直到帽子被打掉我才反应过来，差一点就"光荣"了。现在想想是我当时考虑不周，光想着消灭敌人，没注意保护自己。要不然，你们就见不到我了。虽然我没有直接参加解放天津的战斗，但在东北野战军入津作战前，我们打下了大稍直口、小稍直口，为大军扫清了外围，开辟了道路，也算是为解放天津尽了自己的绵薄之力。不幸的是，和我一起并肩作战的战友李和友就是在攻打团泊的战斗中牺牲的。攻打团泊之前，李和友向部队领导请假，因为要回家迎娶心爱的姑娘。这可是喜事，部队领导给了李和友一周假。然而，到假期第六天时，李和友突然接到部队准备进攻团泊的消息，军人的使命使得他必须拿起枪，于是他匆忙与家人道别赶赴战场。枪炮无情，上了战场的李和友再也没有回来，牺牲在这次战斗中。每每想起牺牲的战友们，我都心痛不已，也深深感受到了战争的残酷无情。如果他们能看到今天的幸福生活该多好，但就是这些战友们的流血牺牲，才换来今天我们坐在这里的促膝长谈，欢声笑语。

1949年初天津解放后，我所在的独立团升为高炮团，直接受中央指挥。1950年，国家扩建防空部队，沈阳防空学校建立，团里调18个人前去学习，我就在其中。三个月后，我们受命调去上海，上级下令部队保持作战状态。开始不清楚，后来得知是朝鲜战争爆发，我们即将奔赴朝鲜战场。抗美援朝时，我在中国人民志愿军高炮师一〇一师五〇六团担任通讯兵，团里负责保卫鸭绿江大桥的任务，而我负责保持电话线路的畅通。当时只要电话一响，我们就背着电线出发；如果电线被炸断，就要想办法立即抢修。总之，就是哪里被炸得厉害，哪里就是我们要去的地方。正是一次次惊险难忘的战斗经历，无形之中增加了我的战斗经验和胆量，锤炼了意志，坚定了信仰。

八年的从军生涯，环境确实艰苦，至今都记忆犹新。平时行动的时候我们身上都背着大枪、刺刀、水壶、米袋子、小铁锹，这些东西背在身上本身就很重，如果形势危急还需要跑步前进。记得有一次作战任务在冬天，当时情况紧急，跑得浑身是汗，棉衣棉裤都湿透了，也就是在那个时候因过度劳累我得了肺结核。虽然后来在长春防空学校的卫生所经过治疗康复了，但也从此留下了病根，到现在还是经常咳嗽。而在打大稍直口、小稍直口的战斗中，由于连续行军造成脚部损伤，宛如裹了小脚一般，变得畸形，到现在几十年过去了，依然如此。后来朝鲜战场作战正是严冬时节，需要克服的是低温环境。夜晚气温常常在零下30摄氏度，炮手夜间值班，手套接触炮身就会被黏住，坐在炮盘上，不一会儿鞋子就跟炮盘冻在一起了。从军生涯中，我差不多有三年时间没脱衣服睡觉，睡觉时也是头枕手榴弹袋，怀抱钢枪，时刻保持接到命令立即迎战的状态。为此，身上生了不少虱子和虮子。那时候的军队生活和现在完全不一样，各方面环境都很艰苦，连吃一顿饱饭都很难。记得打下小站后，战士们吃上了平时难得一尝的毛米饭，老乡们还炖了肉给我们吃。那可是罕见又幸福的事情。哪想到刚吃完一顿饭，附近的花园里就响起了枪声，我们立刻放下碗筷，端起枪直接奔赴新的战场。战争年代，饥饿状态或是风餐露宿是家常便饭，能吃到热乎的饭菜已经很难得了。

虽然在部队行军打仗很苦，但部队进行文艺汇演时，我都会积极参加，因为表演会给自己和战友们带来快乐，到现在很多歌曲也都可以唱出来。随之，老人情不自禁地唱道"向前向前向前 我们的队伍向太阳 脚踏着祖国的大地 背负着民族的希望 我们是一支不可战胜的力量 我们是工农的子弟 我们是人民的武装 从不畏惧 绝不屈服 英勇战斗 直到反动派消灭干净……"老人声音洪亮、底气十足，连续唱了几首，包括《三大纪律八项注意》《解放军进行曲》《中国人民志愿军进行曲》《全世界人民团结紧》，最后还展示了一段快板，可谓是多才多艺。当老人唱起歌来的时候完全不像 90 多岁老人，仿佛回到了当年那个激情洋溢的少年模样，回到了与战友们浴血奋战的峥嵘岁月。嘹亮的歌声中充满力量和希望，歌声中也流露出人民子弟兵对党的绝对忠诚，对伟大祖国的深沉挚爱。老人思路十分明晰，言语有力，紧接着说下去。这和党对我们的教育是一样的，都刻在骨子里，难以忘记。虽然艰苦的战争岁月已经远去，面对今天来之不易的幸福生活我们更要去热爱、珍惜。这些在部队学到的知识和技能，习惯和品格，也应该继承和发扬。这不是对我自己的要求，也是我对子女的教育。教育他们任何时刻都要牢记党的恩情，没有共产党就没有今天幸福安宁的生活；教育他们为人处世要老实本分，有德有法，不做无理之事，出去了更不能欺负他人。就如在门口买菜的时候，大家知道我的事迹后很多人不收钱，这是不允许的。"买卖公平，价格公道"是原则，一分钱也不能少。退役不褪色，这需要永远铭记。我个人虽然为国家做了一点儿贡献，但是党和政府从来没忘记，逢年过节就来慰问、看望，我心里既感动，又觉得过意不去。所以我经常告诫子女，虽然我们是普通人，但是要在岗位上做好本职工作，发挥自己的作用，尽可能为社会做贡献，不要给国家添麻烦。

离开部队这么多年，我十分地想念部队，梦想着有朝一日可以回到部队再看一眼。2020 年国庆前夕，我受邀请回到部队，阔别 66 年，终于圆梦了。当时突然接到电话邀请的时候，我先是难以置信，后是激动，在电话里与部队通话时候我都没忍住哽咽起来。联系我的是空军驻津地导某部，原来我所在的高炮五〇六团正是该部前身，所以这次真是回到了老部队，回到了家。到达部队的时候，官兵们提前做了充分准备，以饱满的热情接待了我，献花、行礼、为我佩戴绶带，我感受到前所未有的光荣。当走到办公大楼，驻足看到高炮五〇六团的光辉历程时，内心百感交集，那段战斗岁月也逐渐清晰起来。我还与官兵们共同参加了升旗仪式，唱国歌，在营旗上签字留念，参观了模拟武器操作演习。演练完大家唱起志愿军军歌，"雄赳赳，气昂昂，跨过鸭绿江，保和平为祖国，就是保家乡……"当时我真是感觉又回到了战场上，与曾经的战友们并肩作战。随后我还参观了官兵们的宿舍，看到宿舍环境明亮整洁，很是欣慰。我和他们说现在的条件比我们那时候好太多了，我们那时候不脱衣服直接住在坑道里，不能换洗衣服，也洗不了澡，随时起身准备打仗。他们很幸福，要懂得珍惜，要懂得感谢党和国家，一定要继承我们部队的优良传统，用实际行动去守护祖国的安宁。我永远都是一个兵，无论是在部队，还是在地方。我比作为上过战场的老兵，能够与新兵们一起重新体验部队生活是我的荣幸，能够给他们讲述过去战场上的故事，我也乐在其中。重温浴血战史，赓续红色血脉，是我们作为老兵对新兵的引领，也是我们的使命。

图为徐恒江回到部队

附记

简单又朴实的话语，让采访人员深受鼓舞。1954 年 7 月徐老复员回到天津市大港区崔庄子村务农，深藏功与名。从解放战争到抗美援朝再到一个普通的农民，战斗的地点在变，部队的番号在变，战场上的职责在变，退役后的身份在变，唯一不变的是徐老对革命胜利的坚定信念、积极乐观的革命精神和热爱生活的真诚态度。那段革命的峥嵘岁月虽已渐行渐远，许多像徐老一样的战士也年事已高、步履蹒跚，但是他们作为战斗英雄从未被遗忘。2019 年，中华人民共和国成立 70 周年，徐老作为老兵代表受邀参加了国庆阅兵游行，加入群众游行"致敬"方队。这是他自 1949 年担任开国大典保卫任务之后 70 年来第一次进北京，这便是国家对老一辈革命家丰功伟绩的肯定，党和人民会永远铭记他们的功勋，他们奋力书写的历史也会熠熠生辉，永不磨灭。

图为徐恒江同平津战役纪念馆采访人员合影

兄弟四人都革命

◆ 刘树梓口述　张一拓整理

受 访 人：刘树梓

身体状况：身体及精神状态良好

现 住 址：河北省唐山市滦南县

采 访 人：沈岩、时昆、王蔚、张一拓、武思成

采访时间：2019 年 12 月 4 日

采访地点：河北省唐山市滦南县

刘树梓
(1929—2022)

刘树梓，1929 年农历八月十五日生，滦南县姚王庄镇麻湾于庄人。1944 年 7 月 14 日，参加地方工作，半年后参加区小队。1945 年初，被派到冀察军区司令部，参加电讯二队培训，学成后在冀察热辽军区司令部值守电台。日军投降后，随冀察热辽军区司令员兼政治委员程子华经张家口到达承德。1947 年入党。解放战争中参加了辽沈战役、平津战役、衡宝战役。1953 年随军入朝，停战后到五十四军司令部任报务员。1958 年回国。同年退伍回村，退伍时为大尉军衔。

基本情况

我是 1929 年农历八月十五生人，兄弟姊妹六个。我们家里很穷，是真正的

贫农，还是赤贫，不是一般的贫，家里连一垄地都没有。大哥在1942年去世，剩下的我们哥四个全都参加革命了。第一个参加革命的是我二哥，第二个是我，第三个是我四哥，最后是我三哥。我行五。战争结束后了，家里有两位烈士，我二哥和三哥。二哥牺牲在唐山玉田县窝洛沽战斗，三哥牺牲在营口。

我是1944年当的兵，那年十七岁，在我们县南边有一个药王庄，我就是在村里头土生土长的。当时我家很穷，去当兵也是日本鬼子给逼的。日本人总下乡搜刮老百姓，鬼子跟伪军总下乡来骚扰。全村老百姓只要能跑能动的，一听到消息，饭也不吃，马上就都跑了。跑也不是一两个人跑，是大家伙都跑，当时我们把这个叫"跑反"，至少有一年左右天天都闹这个事。鬼子发动的叫五次"强化治安"，与其总这么担心在家活着，也没有啥意思，干脆当八路军。因为当八路军我手上还有一条枪，这就和普通老百姓不同了，你打我我还打你呢。像我这么大还是个大孩子参军的，大多数跟我这个想法一样，纯粹就是当时社会乱给逼的。学校也不能上，家里也不安全。

参军情况

我当时参加的是区政府组织的队伍，那个时候咱们没有正规部队，当时我们也是经常转移，在一个村里头住一天的时候都很少。日本鬼子和我们一样，我们跑了反正他们也得跑，不过那时候只要你参加革命，人手一条枪，谁都有枪。除了区里头的公安队、县里头的县大队，他们是有个部队样子的，他们拿长枪，剩下的这些干工作的，不管你是官也好、兵也好，只要你参加了都有一条枪。这个枪的来源也不是公家发的，公家也没有，有的是从敌人打仗缴获来的，经常有小规模战争，也有从地主、富农家里头翻出来的。

我是1944年7月份参加的区政府的部队，到1945年晋察冀军区发了一个通知，就是联大招生，我上学也没上完整就想去学习，就报名了。后来我就去上学了，时间应该是 1945 年 4 月份。我记得我们走了一个多月　到了晋察冀军区，那个时候我们都看《晋察冀日报》。来了以后有个当兵的过来问我多大了，我说我十七了。文化程度呢，我说小学毕业。实际上我念了四年书，后来我就跟他们走了。我也没问跟他干啥去。去了以后才知道是学习无线电。因为训练人只要 20 岁以下的，20 岁以上的不要，都要年轻的，我身体状况也合格，就在那块学了无线电。开始是在晋察冀军区，那个时候晋察冀军区已三平县。在那个地方办训练队，训练队的时间是半年。后来延安来我们这选人去进东北，我第一个入选，就跟着去东北了，我们一共去了六个人，三男三女，剩下的还继续学习。去往东北的头一站是热河，军区是冀察热辽军区，我们在承德住下来了，当时承德也是冀察热辽军区的司令部所在地。承德是苏联红军夺下的，我们去的时候还看见少数苏联红军。

图为刘树梓接受时任平津战役纪念馆副馆长沈岩采访

在东北我们就在冀察热辽军区司令部电台工作，我也一直在这个单位，中间倒是总换名，但人员基本上稳定。冀察热辽军区的司令员是李运昌，政治委员程子华。我在司令部电台担任发报员，主要负责收发电报。我们只发电报、收电报，至于电报里头是啥内容，我们一点也不知道。真正知道电报信息的是机要处，以后到军、师里是机要科。机要科专门翻译电报，把我们接收到的数码翻译成中文，他们是专门干这个工作的。机要部门里的人是不准单独行动的，行动都得是两人。为啥对他们的行动要求那么严，不准单个人出去，也都是为了保密，怕他们出事。行军打仗在不安全地区，干脆不让他们去。到安全的时候，才允许他们上去，你还得两人一起上，至少得两人，你最好多一点人，这是很安全的。敌人要是把他抓去，他知道秘密。把我们抓去，没啥影响。所以对我们的要求没有那么严格。有的时候战况紧张，他们出去还专门有人保护。我当了十五年兵，八年在打仗，我倒没受什么伤，主要是因为我干的活相对安全。

在承德工作不到一年，国民党准备反攻，我们撤到内蒙古林西，在那跟着司令部工作了不到一年时间。中间东北局势发展得特别快，从内蒙古出来后形势变成了不是国民党军找我们打，而是我们追着它打。我记得那是1946年，那年也是朱德总司令的60岁生日，军区专门组建了朱德骑兵旅。战场局势发生变化，我也随司令部入关，我们部队是从山海关入关。入关当时两边都是老百姓，他们在那是找他们的熟人，因为当时有好多人参加了革命但是家里都不知道他们在哪。那时候还有人误认我是他姐夫，还和我们住了一晚，最后我们还专门派人把这位老乡送回家。

平津战役中

入关我们不是第一批，第一梯队是七纵，我们是八纵属于第二梯队，因为七纵是预备队，打完以后马上就让它进关了，目的就是让七纵能迅速插到天津和塘沽中间，防止天津的敌人逃跑，七纵是执行这个任务的。沈阳解放后，1948年底，我们正准备过年，这时候命令来了，要求东野大军迅速入关。我们进来后山海关到天津一路基本都已经解放，我们直接开到天津驻扎。那会儿那时候我们住在天津，大概是东北那个方向有个叫刘快庄的，距离天津七八里地，那个方向可能现在都变成天津市区了。我们八纵的司令部就在那。原计划是和平解放北京和天津，已经和天津国民党警备司令陈长捷谈判了，让他投降。他不投降。让他投降是第一步，先来个政治攻势，结果他不投降，其实我们主要的不是跟他谈，是跟华北剿总的头傅作义谈，让北京能够和平解放。傅作义也在观察情况，也是犹犹豫豫的，总是讲条件，最后中央做了决定，先把天津打下来，把北京一围。这会儿才开始打天津，指挥打天津的是东北野战军参谋长刘亚楼，他是总指挥，时间在1949年1月。我们已经把天津围个水泄不通，你要是不投降，我们就打。而国民党的人认为打天津哪那么好打，你至少得打一个月才能攻下来，我们不会信他们这套，原定计划是30小时内拿下来，结果打了29个小时。

参加打天津的一共是六个纵队，一、二、七、八、九、十二这六个纵队。主攻是东西方向，副攻是南面和北面。同时打，我们负责打东面的民权门，我们和二纵在一个方向。很快就突破进去，但是我们在后来的战斗中伤亡很大。天津打下来了，傅作义这回老实了。打天津的目的就是要促使傅作义投降，我们才和平解放北京，因为咱们不愿意破坏北京的文物古迹，真要打起来炮弹可是不管，真要把故宫破坏了，就变成罪人了。包括咱们之前把傅作义列为战犯公告，也是为了推动他投降。当时公布他是战犯，好像傅作义还挺不高兴，这回和平解决了，毛主席说定你是战犯，主要是为了你的安全，才给你定的。我们并没把你看成战犯，你这个战犯取消了。这也是后来我们听说的，当然这也是党中央的一种策略。

打天津咱们投入的部队总数是34万人，包括步兵、装甲兵、炮兵和其他支援部队。敌人的总兵力在十几万。咱们伤亡了有两万三千多，相当不少。一、二纵队负责从西边突击，七、八纵队是从东边，九纵从南边，十二纵队是总预备队。天津解放后，大概第二天我们就进去了，司令部设在原来的天津口纺七厂。

我们当时在那清场时还牺牲了一位同志，有个地雷没有清理出来，结果踩上牺牲了。当时我们在那值班，结果雷一响，我就跑出去看，发现还出了这么个事。我们在天津住了没几天，总部把维系天津的任务交给了十二纵，其他的参战部队都撤了，我们就到了杨柳青。

我们是见首长最多也可能是最随便的这一部分人，别人见到首长，军长、政委的，都是规规矩矩站那，我们在他们面前就像个孩子似的。这就是解放军的作风跟其他部队不一样的，管他多大官，他也没官架子，对我们也都非常好，可以说是爱兵如子。

天津解放后我们就整顿准备南下。三大战役打完了，辽沈战役、平津战役跟淮海战役，明知道打完这三大战役，国民党也就没戏唱了。因为那时候主席讲话了，将革命进行到底。我当时还不明白啥叫到底呢。后来问了宣传科的同志，他说简单，将全国都解放就到底了。大概整顿了一个多月，在五一左右开始南下。这回南下，我们还带了很多地方干部，准备解放了就建立政府，他们都是随着我们南下的。

后　记

我有个四哥也参加了革命，在北京解放的时候，他在北京东交民巷公安局当科长，我到北京处理俘虏的时候，碰到过他一回。之后他也是随着南下部队到长沙，我也不知道他南下，结果长沙和平解放以后，我们在长沙还驻扎了一天，我都知不道我四哥在这。以后仗基本都打完了，也就是除了海南岛以外其他的地方都解放了，我才知道我四哥在长沙。这就是革命年代的事。

图为刘树梓哥哥刘树森烈士证明书

我是十五年的兵龄，在东北待五年，南下待了五年，朝鲜战场上待了五年。抗美援朝后撤回国。回国后赶上国家号召知识青年上山下乡，这上我打了一个报告，说家里有两位老人无人照顾，部队批准我复原，至此我也结束了部队生活。

图为刘树梓（中）接受平津战役纪念馆口述史团队采访

行动的楷模，心中的丰碑

◆ 王建民口述 陈晓冉整理

受 访 人：王建民（王政举之子）

身体状况：身体及精神状态良好

现 住 址：天津市河西区

采 访 人：时昆、王蔚、马楠、张一拓、陈晓冉

采访时间：2024 年 3 月 11 日

采访地点：天津市河西区

王政举
（1910—1991）

每一次采访都会带给我们不一样的感受，今天要采访的王建民先生是天津地下党员王政举先生的儿子，经过几次电话沟通得知王建民先生和我们是同行，更是倍感亲切。此次采访的地点是在王建民先生的家中，他的家里陈设古朴、大气，干净、利落，王先生和夫人对我们的到来十分热情、配合，我们迅速架起机位，便开始了今天的采访。

年少离家的遗憾

1951 年我出生于天津一个普通干部家庭，1968 年毕业于天津市大沽路中学，1969 年 4 月 25 日离开学校，远赴内蒙古插队，加入上山下乡的洪流中，在呼伦贝尔大草原成为一名接受贫下中"牧"再教育的知识青年，1972 年选调大

庆油田，先后供职于大庆石油管理局测井公司测井队（任队长）、大庆市博物馆（任副馆长）、大庆市教育文化中心（任筹建办公室副主任）。因常年在外工作，所以与从事地下工作、性格沉默寡言的父亲接触、交流甚少，关于他工作情况的知之甚少，一些只言片语也是后续从妹妹那里得知。直到 199□ 年接到家中电报，父亲病危，我连夜坐火车赶回家中，送走父亲最后一程。算来我只在父亲身边陪伴了十八年，之后便离开家乡，离开父母（放假回家一到期限 父亲便会催着我回去），既没能长时间在其身边尽孝，也没能在其最需要的时候相伴左右，这亦成为我终身的遗憾。

图为王建民在接受采访

风风雨雨的革命生涯

我的父亲叫王政举，1910 年 4 月生于河北省霸县。12 岁到天津地毯行业当学徒，1945 年下半年加入中国共产党。父亲入党前后在天津地毯行业的工人和群众中积极宣传党的方针、政策，组织工友积极抗争，用自己的实际行动去影响和带动周围的人，鼓励大家为维护自身的合法权益、早日过上安定生活积极加入到抗争中来。1946年初，父亲开始从事地下工作。每逢为党传递情报、护送党内重要人员时，他都装扮成人力车夫、三轮车夫或小商人和上线交接相关情报信息。1949年父亲与其他同志一起带领解放军参加了解放天津的战役（河西区一线）。虽然未曾上前线，但是父亲及时准确地为组织传递信息，尽己所能为解放军提供各种帮助，为平津战役的胜利、为解放天津作出了自己的贡献。父亲就是那些在革命战争年代默默无名的幕后英雄的典型代表。

解放后，组织委派父亲在曹锟大院参加一期党章党课、政府工作的学习培训，结业后被分配到天津市河西区委经济股任股长（现闽侯路14号），这也是我童年居住的地方，之后调到天津市消费合作总社。在工作期间父亲接触了很多地毯行业的旧工友，了解到一些人已失业。为振兴解放后的天津地毯事业，也为帮助那些失业在家的工友，父亲主动向市政府、区政府领导反映问题。得到首肯后，在上级领导的支持下，父亲从场地、设备、人员等各方面着手准备，最终成立了天津第一家国有地毯厂（天津市东风地毯厂），也就是天津地毯厂的前身。同时在厂里他还组织女工培训，成立了女工织毯车间。之后天津市首次组建女工地毯的事被天津市广播电台做了报道（20世纪50年代初）。在此影响下又组建了几家地毯厂，之后天津地毯行业工会成立（现宁波道与闽侯路交口，宁波道南侧），父亲也因此留在了工会工作。直到1959年左右社区成立人民公社，父亲被调到天津市河西区下瓦房街，在此组建了木材厂，并担任厂长、房屋修缮队党支部书记，离休时属天津市河西区房屋修建二队（现归天津市河西区企业职工托管中心工作站）。

图为王政举夫妇结婚照

　　"文革"期间父亲被罢官，"文革"后复职仍担任党支部书记。"文革"时，天津造反派批斗天津市委副书记张怀三时，曾来我家找父亲调查了解张怀三的有关情况。听父亲说，他只讲张怀三在解放前为天津地下党做出重大贡献，其他的事一问皆不知。父亲为人正派，谨言慎行，坚守初心，不因任何外部势力而屈服，用自己的为人准则和言行为党保护了老同志。

　　在父亲半个多世纪风风雨雨的革命生涯中，我们听到、看到、体会到，不论遇到什么艰难困苦都没有动摇过他对党忠贞不渝的革命信念。他一生所表现出的"忠实、忠厚、忠诚——忠于职守的生命态度"，一直激励、鼓舞着我们的家族。1991年10月20日父亲逝世，为此，我们在墓碑上刻下"行动的楷模，心中的丰碑！"这10个金光闪闪的大字，将世世代代启迪我们这些后来者。

丰碑照耀前行之路

　　虽然对父亲工作的详情我们了解有限，但他平时生活中的一些小事，给我们留下了深刻的印象，并且一直影响着我们。记得父亲在担任地毯厂厂长的时候，大年初一、初二有职工送到家里一点礼品，当时难以拒绝，到初四、初五，父亲总是带着我将价值相仿的东西买来，回赠给那些同志，并且告诫大家，以后不许再往家里送。礼品虽不贵重，父亲却从未占过任何人的便宜。据我所知，这么多年来他从未将厂里的东西拿回家，甚至一颗小小的螺丝钉。不大爱说话的父亲，每逢遇到这个话题都反复告诫我们，公家的财产再小也不能占。同时，对于失业的旧工友和家庭有困难的职工，父亲总是用各种方法去帮大家，尽可能地为大家服务。因此他和厂里职工的关系一直很好，也深受大家的尊敬和爱戴。他清正廉明、乐于助人的品质也深深影响着我们。在大庆市博物馆任职期间，我牢记父亲的教诲，严格要求自身，不收取职工的任何财物和礼品。同时由于自己擅长写作，在文艺、出版界有许多朋友，便帮助馆里的同事撰写、发表论文，帮助他们评聘职称。特别是在教育文化中心筹建大庆科技馆时，仅展品就为国家节省预算开支近 400 万元。这些皆是父亲以他自身言行对我们的影响，也是我们对他美好品质的继承和发扬。

　　父亲也曾明确教导我们后代子女，做人只要兢兢业业，踏实肯干，总会得到他人认可，有所成就。即使某个阶段我们可能处于困难之中，但是只要信念坚定、坚持不懈、不断努力，便会有柳暗花明的那天。这亦是他风风雨雨一生的真实写照，无论从事革命事业，还是做地毯厂和木材厂、房屋修缮队的工作，他都秉持着"忠实、忠厚、忠诚——忠于职守的生命态度"，一丝不苟，竭尽所能。在父亲的教诲下，我自己包括教育我的子女，向父亲看齐。父亲虽没有对我们提过具体的要求，但是他的言行和他的品质一直潜移默化地影响着我们。我从知青生涯起，后到大庆石油管理局、大庆市博物馆、大庆市教育文化中心，几一年的工作生涯一直以听党的话、以待人诚恳为准则，并严格遵循父亲的遗风，以"勤劳、勤奋、勤俭——勤于思考的人生态度"，为终生的信念与坚守。直到退休后，我也保持着之前的一些习惯和作风。因为这既是对自己的要求，也是在为我的子女树立榜样，更是我们家族家风的传承。我的子女后辈可不受到这些美好品质的影响，我女儿从十三岁就与我们夫妇分离，从大夫回天津生活。她依靠自己完成学业，成家立业；她待人真诚、踏实肯干，现在作为科支馆的职工在工作上表现也十分亮眼。同时她也按照着自己的标准，将"求新、求变、求精——求勇于创造的科学态度"，作为工作、生活态度，包括教育她的孩子，都离不开我们家风的影响，离不开祖辈们优秀品质的传承。

附记

通过对王先生的采访，我们采访人员也感受颇深。虽然王先生早早就离干学校融入知青队伍，可他始终保持着学习的状态。不论在哪，只要有时间，他就看书，汲取各方面的知识和技能来充实自己。正是由于从父辈那继承到的真诚、忠实、忠厚的品格，加上自身异于常人的学习能力和持之以恒的韧劲，他孤身一人离家千里，才获得如今的成就。尤其是在诗歌领域，其诗作曾多次被改入各种选集，并多次获奖。从与他的交谈中，我们也感受到了他对生活的热爱，对人生的向往，那种感染力于无形中影响到身边的人，让人变得乐观开朗。同时他鼓励子女后代去学习各种技能、尝试新鲜事物，尽可能地去丰富人生体验。王先生早年还曾学习书画，我们在他家里也看到钢琴、大提琴、萨克斯等各种乐器，可以想象这是一个文艺气息浓厚、学习氛围极强的家庭。也就是在这样的家风传承中，在这样的言传身教中，其后代子女才变得更加优秀。作为采访人员，每次采访不同的人，接触不同的家庭，聆听他们讲述先辈的故事、自身的经历和如何教育下一代，此过程中我们都会有不同的感受，学到新的东西，引发新的思考，以此来鞭策、提升自己。这也是我们除去工作外的收获，这些体验和感受可能伴随影响我们一生，犹如至宝，极为珍贵。

被访者王建民先生，多年以来一直坚持从事诗歌创作，已出版诗集4部，《王建民诗选》获"首届中诗作家文库"优秀图书奖。曾在《当代》《今晚报》《飞天》等报刊发表100多首诗作，作品多次获奖和被收入各种诗集。我们在采访的过程中有幸拜读了王先生在诗集《家风·国魂·我的梦》中为父亲创作的诗歌，作品形象地表达了他对父亲深厚的情感与无比的怀念。

在父亲的雕像中我们走向完美

您一把泥　一滴汗　一颗心　一身胆地

精雕细刻了82年又14时40分44秒

终以巍然成像

在外人眼里　这尊雕像没有包金的铜铸的陶瓷的

石刻的那么昂贵

但我们珍惜地看重的

不失人格品味之高尚

典藏人性道德之规范——

就足以让我们在行为行动中保持着体力心力脑力智力

为此深深地鞠上一躬　并终身视为楷模引以为傲！

我们自然属于您生命的延续　血肉之躯

自然按照您遗传的模式　沐浴风雨

再经过漫长岁月的剥削磨砺

再经过无数烈火的锤炼锻造

再经过逆向生死的决战考验

再经过风花雪月的寻到洗礼　最终

我们将走向后现代艺术抽象粗犷诙谐潇洒脱俗的

完美塑造

图为王建民夫妇同平津战役纪念馆采访人员合影

后 记

家风是一个家庭的精神内核，是一个社会的价值缩影。红色家风是中华民族优良传统家风的时代表达，是中国共产党人在长期革命建设实践中培育形成的宝贵财富。为了记录下这些宝贵的红色资源，确保采访的质量和资料更真的完整准确，平津战役纪念馆口述史团队在馆领导的大力支持下，历时两年时间，走访了北京、天津、广东、广西、山东、河北、内蒙古自治区等多地，行程数万公里，共采访了40多位相关人员。一段段鲜为人知的家风故事也让我们收获良多。

尽管听到的是距今有些遥远的人和事，但讲述中又如此鲜活的闪现在我们眼前。这些话语简单质朴，却坚强有力。"大多时候遇到问题，他们不需要讲，他们就是这么做的，他们就是这样的人，周围各个家庭的父母都这样，满满的革命精神的样子，你都可以耳濡目染、潜移默化，不用刻意以他们为榜样。""有一种称呼叫战友，许多没有当过兵的人并不明白这个称呼的深刻含义，他其实没有那'一起扛过枪，一块渡过江'那么风趣，也没有'同吃、同住、同训练'那么浪漫，他是当你处在某种危险的时刻，你能够放心地把你的后背留给他的那个人，这是将性命相托、生死与共的人，我称他是过命的兄弟，这是我们这些当过兵的人对'战友'这个称呼的诠释和理解。"采访过程中，我们是记录者，同时也被感动并接受洗礼。

由于年代已远，亲历者大都已不在，其子女也年岁已高，有的记忆逐渐模糊，虽然我们查阅了很多文献、史料，与口述内容相印证，但由于诸多原因，本书难免有疏漏和不妥之处，诚望读者批评指正。

传承革命精神，赓续红色血脉，平津战役口述史团队一直在路上。

2024年9月